国家自然科学基金项目(31600345,30670405)资助
江苏政府留学奖学金(JS-2017-156)资助

# 太湖浮游植物
# 有机碳生态作用的初步研究

钱奎梅　著

中国矿业大学出版社

## 内 容 摘 要

本书通过对太湖浮游植物有机碳生产的现场原位测定,以及浮游植物优势种类有机碳生产的室内实验,并利用全湖可溶性有机碳(DOC)和浮游植物生物量的监测资料,研究了太湖浮游植物有机碳的生产效率及其与环境因子的关系,并比较了太湖水体中可溶性有机碳的时空分布特点与相关环境要素的关系。

**图书在版编目(C I P)数据**

太湖浮游植物有机碳生态作用的初步研究 / 钱奎梅著.—徐州:中国矿业大学出版社,2018.12

ISBN 978 - 7 - 5646 - 4270 - 9

Ⅰ.①太… Ⅱ.①钱… Ⅲ.①太湖－浮游植物－碳循环－研究 Ⅳ.①X524

中国版本图书馆 CIP 数据核字(2018)第 298894 号


书　　名 太湖浮游植物有机碳生态作用的初步研究
著　　者 钱奎梅
责任编辑 李　敬　郭　玉
出版发行 中国矿业大学出版社有限责任公司
　　　　　(江苏省徐州市解放南路　邮编 221008)
营销热线 (0516)83884103　83885105
出版服务 (0516)83995789　83884920
网　　址 http://www.cumtp.com　**E-mail**:cumtpvip@cumtp.com
印　　刷 徐州中矿大印发科技有限公司
开　　本 880×1230　1/32　**印张** 3.625　**字数** 98 千字
版次印次 2018 年 12 月第 1 版　2018 年 12 月第 1 次印刷
定　　价 21.00 元

(图书出现印装质量问题,本社负责调换)

# 前　言

　　碳是构成生物有机体的最重要元素,因此,生态系统碳循环研究成为系统能量流动的核心问题。近年来,温室气体的浓度急剧上升所导致的全球气温反常快速上升,使得全球碳循环的研究进入了一个新的阶段。据估计,大气中的 $CO_2$ 造成的温室效应约占总温室效应的一半,而大气中的 $CO_2$ 通过水气界面进入海洋等水生态系统,并通过各种作用转化为其他形式碳的化合物,同时也存在部分的碳在水体与大气之间、水体内部及水体与底质之间进行不断的循环。因此,人们已经认识到海洋等水生态系统必然通过碳的生物地球化学过程对大气中的 $CO_2$ 起着重要的调节和控制作用,水生态系统是全球气候变化重要的控制因子之一。为了了解水生态系统对 $CO_2$ 的调节和控制作用,及对碳和其他的生源要素的生物地球化学过程的控制作用,就必须研究碳在水体中的输运、存储、转移的过程,由此可见,水生态系统中有机碳的来源、传输、转换以及去向的研究就变得尤为重要。

　　本书通过对太湖浮游植物有机碳生产的现场原位测定,以及浮游植物优势种类有机碳生产的室内实验,并利用全湖可溶性有机碳(DOC)和浮游植物生物量的监测资料,研究了太湖浮游植物有机碳的生产效率及其与环境因子的关系,并比较了太湖水体中可溶性有机碳的时空分布特点与相关环境要素的关系。结果显示,2003～2007 年,太湖全湖 DOC 平均浓度有逐年增高的趋势,竺山湾和五里湖的 DOC 浓度相对较高,南太湖和东太湖相对较低。太湖中 DOC 浓度与叶绿素 a 有显著的相关关系,说明太湖中的 DOC 主要是浮游植物产生的。但 DOC 与蓝藻生物量的相关关系不显著,可能是由于蓝藻只是太湖中局部湖区的优势种,且易随波漂流。浮游植物有机碳的生产存在着明显的季节变化和空间差异,春夏季高,秋冬季低;蓝藻水华严重的湖区高,水草区低。室内实验结果表明,微囊藻和栅藻在生长过程中除了增加自身的生物量之外,还会释放一定量的有机碳到周围的环境中,其有机碳的生产受温度的影响较大。

本书的创新之处,在于首先将海洋有机碳的生态作用研究方法引入大型浅水湖泊,探讨了太湖浮游植物有机碳的定量生产及其与主要环境因子的关系,并重点研究了太湖主要优势种类微囊藻和栅藻的有机碳生产效率,为全球碳循环和温室效应的研究提供了大型浅水湖泊碳素平衡的宝贵资料,填补了世界上有关大型浅水湖泊有机碳研究的空白。

**著 者**
2018 年 6 月

# 目　录

# CHAPTER
# 1

# 绪 论

## 1.1 引言

　　碳是构成生物有机体的最重要元素之一,因此,生态系统碳循环研究成为系统能量流动的核心问题。近年来,温室气体的浓度急剧上升所导致的全球气温反常快速上升,使得全球碳循环的研究进入了一个新的阶段。研究自然界中碳的循环规律是揭示地球环境因子变化的重要手段。一方面,碳在自然界的物质循环过程影响着地球气候与环境的变化,二氧化碳($CO_2$)含量的变化是地球气候发生改变的关键;另一方面,碳是生命物质构成的最基本元素之一,生命活动是碳元素在自然界进行循环的最重要影响因素。

　　据估计,大气中的 $CO_2$ 造成的温室效应约占总温室效应的一半,而大气中的 $CO_2$ 通过水气界面进入海洋等水生态系统(Sarmiento et al.,1992),并通过各种作用转化为其他形式碳的化合物,同时也存在部分的碳在水体与大气之间、水体内部及水体与底质之间进行不断的循环。因此，人们已经认识到海洋等水生态系统必然通过碳的生物地球化学过程对大气中的 $CO_2$ 起着重要的调节和控制作用，水生态系统是全球气候变化重要的控制因子之一。

为了了解水生态系统对 $CO_2$ 的调节和控制作用，及对碳和其他的生源要素的生物地球化学过程的控制作用，就必须研究碳在水体中的输运、存储、转移的过程，由此可见，水生态系统中有机碳的来源、传输、转换以及去向的研究就变得尤为重要。

# 1.2　有机碳的分类

　　水生态系统中的有机碳主要以溶解态和颗粒态两种形式存在于水中。将水样用 $0.45~\mu m$ 的玻璃纤维膜或银膜过滤，滤下的水中的有机碳被称为溶解态有机碳（dissolved organic carbon，DOC），而留在滤膜上的有机碳被称为颗粒态有机碳（particulate organic carbon，POC）。溶解态有机碳的主要组成是浮游植物的分泌物、动物的分泌物和排泄物、死生物的自消解和细菌分解过程中的产物等。溶解态有机碳中所包括的有机物种类繁多、结构复杂，目前研究较多的有以下几种：氨基酸——包括各种酸性、中性、碱性的氨基酸；碳水化合物——包括单糖和多糖类；类脂化合物——溶于海水中的类脂化合物；维生素；等等。水体中颗粒态有机碳包括生命与非生命两部分，生命部分包括微小型光合浮游植物以及细菌、真菌、噬菌体、浮游动物、小鱼小虾直至大到哺乳动物；非生命部分也称为有机碎屑，包括水体生物生命活动过程中产生的残骸和粪便（Wetzel，1983）。水体中的颗粒态有机碳主要来自水体生物的排泄物和生物分解而成的碎屑；河口区的颗粒态有机碳主要是由河流和风从陆地带入海洋的。颗粒态有机碳的组成非常复杂，是许许多多物质的混合体。

颗粒态有机碳在某种适宜的条件下可以进一步分解,变成溶解态有机碳及其他产物,如各种氨基酸、叶绿素、糖类、类脂化合物和三磷酸腺苷等。在水体的颗粒态有机碳中,还通常结合着40%~70%的硅、铁、铅、钙等无机物。据分析表明,颗粒态有机碳中有3%还是活的水体生物。颗粒态有机碳是水体食物链中的重要一环,它可从表层逐渐下沉到海底,部分可能被底栖生物所捕食,大部分则变成水底沉积物。

水生态系统中有机碳沿5条流程流动,其中3条都有微生物参与。如果微生物产生后长时间未被利用,则大量有机质形成$CO_2$流散,转化效率就降低。

有机碳在水体中的物质循环过程为:

第1条 POC——动物,主要是藻类碎屑和动物粪粒,多被水生动物直接利用,流动快,转化效率高。

第2条 POC——微生物,主要是水生维管束植物碎屑,动物难以直接消化利用,必须经微生物分解后,动物主要利用附生的微生物,流动时间长,转化效率低。

第3条 DOC——微生物——动物,主要是生物死体沥滤物和胞外产物,很快被细菌利用,动物利用细菌,这条线流量大,流程快,转化效率高。

第4条 DOC——微生物——无定形碎屑——动物,主要是附生细菌分泌黏液状多聚体,再被动物利用。这种胞外多聚体作纤维状黏附和包裹在水下物体表面,并从周围水中吸收和浓聚DOC和离子,并常附有微生物。这种多聚体本身营养价值较差,但附着的微生物和DOC可能是动物的优良食物。

第5条 DOC——无定形碎屑——动物。无定形碎屑通过物理过程,在水草或岩石以及水底沉淀质粒、浪花泡沫和其他水下物体与水的界面上形成并为微生物和藻类所团聚,在河流上游以及海洋和大湖的深底带为动物的主要食物源泉(刘建康,1999)。

# 1.3 有机碳在全球的交换情况

　　大量的研究表明,有机碳是水生态系统中最大的有机物库。因此,水生态系统中有机碳的产生和传输利用成为生态系统物质转化和能量流动的关键环节。有机碳在水生态系统中的产生和传输利用过程包括有机碳的来源、有机碳的传输与转换以及有机碳的去向。

## 1.3.1 水生态系统中有机碳的来源

　　从本质上讲,初级生产力是水体生态系统中有机碳的最终来源(Wiebinga et al.,1998)。从全球范围来讲,水生态系统中的有机碳来源主要包括两种:内源有机碳和外源有机碳。水生态系统的内源有机碳是水体内部生产者(藻类和水生高等植物等)利用光合作用产生的,包括所有营养级生物的分泌物和排出物以及死亡生物体的腐烂。水体中的有机物有着时间和地域的变化,而且它的浓度受其形成过程、流量、转化和移动过程的影响(Pugnetti et al.,2005)。外源有机碳主要是由陆地生态系统生产并通过不同途径传输到水体中的,来源于陆地和半水生环境,它的数量和质量取决于陆地特点和人类活动的影响,包括农业活动、家庭活动和工业活动所产生的外来有机物。外源有机碳的运输很大程度上取决于水文因素(Moore et al.,1989)。所有营养级有机体的分泌和排泄物、死亡生物体的分解产物都是 DOC 的外部来源(Tranvik,1992)。

　　有关水生态系统中有机碳来源的研究开始于 1980 年。Honjo(1980)通过对马尾藻海海岸的中部、热带大西洋以及北大西洋的中部深海的捕捉器得到的沉降颗粒的分析,发现其中的大颗粒主要包括有孔虫的壳、放射虫的骨骼、翼足类软体动物的壳以及浮游动物的粪粒。从颗粒物质的类型可部分看出颗粒物质的来源,它的来源主要包括:① 浮游藻类和其他活的绿色的细胞,微型浮游动物,包括卵、幼虫和聚集在一起的细菌浮游生物的比较大的部分;② 各种生物和它们的粪便的残留物;③ 生物的外壳及来自陆源和风化的产物;④ DOC 向 POC 的转化。

目前,大多数的研究都表明水生态系统中有机碳主要来源于浮游植物的释放(Ittekkot et al.,1981;Biddanda et al.,1997;Meon et al.,2001)。有资料显示,在浮游植物的指数增长到稳定期的转变过程中,或者是在营养充足到营养衰竭的转变过程中,浮游植物释放大量的累积可溶糖类,主要是多糖(Ittekkot et al.,1981;Bronk et al.,1994;Williams,1995;Biddanda et al.,1997;Meon et al.,2001)。Wetz et al.(2003)在海水上涌季节在 Oregon 海岸进行了甲板培养,研究发现在浮游植物的指数增长期间,积累的总有机物有大于 78% 的以颗粒有机物的形式存在。这表明在海岸浮游植物暴发期间,溶解有机物只是其中很小的一部分。尽管溶解有机物的产生机制有很多,Wetz et al.的研究结果表明,溶解有机物的累积与浮游植物暴发的营养限制有关。在其他海洋生态系统中已经证实了受营养物质限制的浮游植物暴发过程中会释放一定量的溶解有机物(Obernosterer et al.,1995)。Wetz et al.的研究结果显示,在硝酸盐耗尽之后,从其培养的样品中,发现了很多空的硅藻细胞膜,这表明,细胞溶菌作用或捕食构成了部分的溶解有机碳累积。但是,在硝酸盐衰竭之后,总有机碳浓度的增加表明光合作用对碳的固定还会持续几天。氮的限制影响浮游植物光合作用碳的新陈代谢中酶的功能,最终会影响细胞利用光能的能力。另外,糖类的释放是以聚合体的方式(Passow et al.,1994),这是在海水上涌区的硅藻种子储备的一种适应(Smetacek,1985)。最近的研究表明可溶性有机物(DOM)在河流和河口中的新陈代谢方面是很重要的,它为细菌和某些藻类提供能量(碳)和营养物质(氮),最终导致沿岸超营养作用和氧的缺乏

(Seitzinger et al.,1997;Stepanauskas et al.,1999;Glibert et al.,2001;Wiegner et al.,2001)。

　　Giani et al.(2005)在1999年6月至2002年7月对亚得里亚海北部溶解有机碳和颗粒有机碳的分布特征进行了测量,发现2000年夏季植物分泌物最多,2002年有机碳的分布范围很广。溶解有机碳(DOC)的季节变化非常大,夏季(高达150 $\mu$mol/L)是冬季的两倍。颗粒有机碳(POC)的变化也很大,季节变化类型仅次于溶解有机碳(DOC),因为POC在河流中和浮游植物水华中的变化是独立的。这两种复合物在黏液时期前(3～5月)、后(6～8月)的比较表明,DOC,特别是POC,在2002年之前含量是特别高的,在低盐的水表层更加明显,POC增加,2002年在6月黏液发生前的3月达到36 $\mu$mol/L。以上资料表明POC在黏液形成中的作用比DOC的作用更大。有机物的最大季节变化是在低盐的表层水中发生,表明在亚得里亚海北部有机物的分层和密度跃层的积累的重要性。在贫营养水体中,POC在总的有机碳中的含量是很低的(DOC/POC>15);在生产率高的水体中,POC随着浮游植物生物量的增加而增加(DOC/POC<10)。颗粒有机碳在黏液聚集时期占主要位置(DOC/POC<1)。在黏液聚集时期,有机碳达到13.6 mmol/L,比周围水中的高,表明有机碳的分布在亚得里亚海北部黏液聚集时期是非常不均匀的。

　　小型湖泊中的碳来源也受到陆地来源有机物的输入的影响,而陆地有机物经常是腐殖质湖泊中DOC的主要来源(Tranvik,1992)。每年在靠近落叶森林的大多数湖泊中,外源POC在秋季进入湖泊,之后被细菌利用分解(Wetzel et al.,1995;Arvola et al.,1996)。小型湖泊,由于其面积相对于森林很小,可能受到陆地DOM的影响会更大。但是,DOC的这个来源供养的浮游细菌群体生长缓慢,或者事实上阻碍了微生物群体的生长(Tranvik,1992)。河流中细菌的生长也受到DOM的来源及其浓度的影响

（Koetsier et al.，1997）。

　　之后，又有很多关于河口的有机碳来源情况的研究，但是河口却很难估计有机物的来源（如藻类和高等植物）和归宿（如传到更高营养级和输出）。脂类混合物和稳定的同位素是同时追踪河口有机物来源（Mannino et al.，1999）和生物学归宿（Boschker et al.，1999；Boschker et al.，2005）的补充方法的例子。

## 1.3.2　水生态系统中有机碳的传输与转换

　　水环境中绿色植物的光合作用对水体物质循环和能量转换过程起着关键作用。绿色植物通过光合作用将二氧化碳等无机物质合成为各种复杂的有机化合物，并将太阳能储存于植物体内。积累在植物体内的这些物质和能量将为异养生物所利用。水生生物，如鱼类，以浮游生物或其他动物作为食物，在消耗过程中分解一部分有机物质以获得能量，并把植物的有机物质转化为动物有机物质。这种过程既破坏、分解现成的有机物质，又有活的有机体的再生产。这种水生动物通过食物链网的代谢作用，破坏、分解作用超过合成作用，产生的二氧化碳又在一定程度上补充浮游植物和高等水生植物光合作用的消耗。植物合成的大部分有机物质，如纤维素、木质素等不能被水生动物利用，动物体及其排泄物也不能直接被水生植物吸收利用。它们必须在水团或底部沉积物中被微生物分解、矿化后，才能进入下一次循环中被利用。通过食物链网各个环节研究水体有机物现存量及其利用率，对于研究水体富营养化形成及控制机理是十分有意义的工作（刘建康，1999）。

### 1.3.2.1　海洋中

　　海洋中的初级生产量有着不同的利用方式。一部分被草食动物利用，其利用量从少量红树林的一部分到海洋浮游植物群落的很大一部分（Johnstone，1981）。没有被草食动物消耗的那部分转化为植物的生物量，最终死亡转化为碎屑。随后，碎屑在生态系统中被分解，或者通过物理过程和生物过程运输到邻近的生态系统中。运输到邻近的生态系统中的量的变化很大，取决于碎屑的浮力和外力的方向。例如，位于海湾之中的海洋大型植物和微型藻类不容易被移动，而在强烈波浪中的海藻就容易被移走(Marsden，1991)。还有一部分初级生产量沉积到生态系统底部(Cebrian，2002)。

海洋中稳定和半稳定的 DOM，很少能被微生物迅速降解，可以通过水平对流、垂直混合以及聚合体的沉积而从透光层输出，而这些途径可能导致碳元素和氮元素从透光层长期离开。颗粒有机物(POM)从透光层的离开，可以通过以下几种方式：颗粒有机物的沉积；在透光层以外的垂直混合；由于水平对流引起的水平运输。在 Oregon 大陆架的水体底部 POM 浓度的增加，表明有机物的沉积作用很大(Hwang et al.，2006)。Kim et al.(2005)在 Bransfield 海峡配置了沉积物捕集器，从 1998 年 12 月至 2001 年 12 月进行了三年多的调查。调查发现，在 Bransfield 东部海湾表层水的生产量和输出量之间有一个月的滞后期，可能是因为浮游植物在夏初的生长条件较好，而产生的有机物都转化为浮游植物的生物量，几乎没有有机颗粒沉积到海底。Farías et al.(2003)调查了一个半封闭的浅水海湾，Concepcion 海湾 (36°40′S，73°02′W)，由于其中浮游植物的高生产率和高沉积率，其沉积物中含有很高比例的有机物。

### 1.3.2.2 湖泊中

土地利用和人类活动加剧所导致的营养元素输入的增加是引起湖泊富营养化趋势增强的重要原因。巢湖沉积钻孔柱状样中总有机碳和总氮自 20 世纪 70 年代以来呈明显升高趋势，分别增加了 2.5 倍和 2.9 倍。由柱状样中的 TOC/TN 比值判断得出，19 世纪末至 20 世纪 40 年代中期 TOC 是陆源和内源两种来源并重；40年代中期至 70 年代初期以陆源为主，并可能存在石油污染；70 年代以来沉积物有机质中藻类来源的有机质占主要地位。巢湖沉积柱状样的研究表明 20 世纪 70 年代以来巢湖富营养化开始恶化

（姚书春 等,2004）。

### 1.3.3　水生态系统有机碳的去向

　　了解碳的转换过程对于理解碳的全球的生物地球化学循环很重要,在这个系统中,初级生产量生产了很大部分的有机物,新产生的光合作用产物的胞外释放是形成海洋生态系统中溶解有机碳的主要过程。DOC 的这个来源对于浮游生物的营养生态学来说是很重要的,因为那些释放的有机物会很快被异养细菌所吸收(Cole et al.,1982),使得浮游植物的初级生产量和细菌的生产量之间在微食物圈和微食物网的物质循环中有一个联系。光合作用产物还有很大一部分沉积到海底,保存在沉积物中(Budge et al., 1998)。

　　细菌是水中有机碳和营养物质的主要矿化者。细菌生物量的产生将溶解有机碳和高等生物联系起来。事实上,异养细菌对溶解有机碳的消耗是碳在水生态系统中的一个重要通量。这些DOC 或者转化为细菌的生物量(细菌的次级产量,BP),或者通过细菌的呼吸转化为无机碳(细菌的呼吸,BR)。BP 和 BR 的相对大小受细菌生长率[BGE＝BP/(BP＋BR)]控制,被吸收的碳只有很少一部分用于生长。在湖泊中,DOC 来源于湖泊内部产生的初级生产量(内源),或者来源于陆地(外源)。因为 DOC 的来源很复杂,所以也就不清楚细菌利用的碳的来源(Tranvik,1998)。一般认为,细菌利用的碳主要是浮游植物产生的有机物,细菌能够很快利用来源于浮游植物的碳(Chen et al.,1996)。并且在交叉系统的比较中,细菌的丰度和生产率与藻类的丰度和生产率有着很大的关系(Cole et al.,1988)。而一般认为陆源的 DOC,细菌是很难降解的(Wetzel et al.,1972),尽管以前有人认为外源的有机物可能供养水生食物链(Naumann,1918)。最近的研究表明,细菌可以降解外源的 DOC。即使只有很少一部分外源 DOC 能够被细菌利用(Tranvik,1988;Moran et al.,1990),DOC 库也可以供养很大一部分细菌对碳的消耗和能量利用。很多研究表明,很多水生态系统都是异养的,即总呼吸量超过总初级生产量(Cole et al.,1994;Giorgio et al.,1994)。

目前,利用同位素方法来追踪有机碳进入沉积物的研究很多。例如 Rember et al.(2005)通过对沉积物中过多的 $^{210}$Pb 和 $^{137}$Cs 的描绘来测定 Outer Cook 河口和阿拉斯加的 Shelikof 海湾中的沉积物积累速率。除了沉积速度很快外, $^{210}$Pb 和淤泥很多,在阿拉斯加 Shelikof 海湾的中心和南部的表层沉积物中,还发现了总有机碳、Pb 和 Mn。通过对表层沉积物 $\delta^{13}$C 的分析,来源于海洋的碳在 Outer Cook 河口为 30%,而在 Shelikof 海湾的中部和南部为 60%。Goñi et al.(2005)利用稳定碳和大量有机物中的碳同位素组成以及个别有机化合物的碳同位素组成,包括来源于木质素的苯酚和来源于油脂的脂肪酸,对 Mackenzie 河和 Beaufort 浅海中的沉积物中有机物的来源进行了调查。研究发现,Beaufort 浅海的表层沉积物有一大部分(70%)是从 Mackenzie 河输出的,是古代的有机碳,包括旧的预老化土壤材料以及化石沥青或油母质。现在的有机碳占河流和浅海沉积物中的 30%,主要来源于河流和陆架样品中的维管植物衍生材料以及陆架沉积物中的海洋藻类。海洋有机物呼吸的颗粒范围决定了 Mackenzie 三角洲/Beaufort 浅海地区的碳的新陈代谢。但是,来源于陆地,包括来源于维管束植物的有机碳,要经过降解才能沉积下来。Vizzini et al.(2006)利用碳和氮的稳定同位素,对地中海的半封闭的沿岸地区(Stagnone di Marsala,Italy)的食物网结构的空间变率进行了调查。在两个不同环境特征(例如水动力特征、远海的影响和植物覆盖率)的地点取样,来测定其中的有机物的来源和消耗者。浮游的消费者(浮游动物和小鱼)在这两个地区存在很小的空间差异,表明浮游植物是其最终的能量来源。而底栖的消费者(底栖动物和定居鱼类)则存在着明显的空间差异,在这两个不同的地区利用不同来源的有机物,是由于有机物来源在空间上的差异。在这两个采样点沉积的有机物和真菌是食物网中传递的主要的初级生产者,而在中心地区,海草起着不可忽视的作用。

### 1.3.3.1 海洋中

浮游植物是水生态系统有机物质的初级生产者,作为浮游动物的基础饵料乃是水生态系统食物网结构中的基础环节,在水生态系统的物质循环和能量转化过程中起着重要作用。有机碳的生产是表征浮游植物生物量和反映水生态系统肥瘠程度的重要指标。初级生产力是反映海域自养浮游生物转化有机碳的能力,是海洋生态系统研究的重要内容,也是海域生物资源评估的重要依据(刘子琳 等,1998)。浮游动物是对浮游植物自上而下进行捕食控制的主要因素,它对浮游植物种类、数量的变动乃至赤潮的发生、发展过程有着重要的影响作用(林昱 等,1994)。浮游动物的摄食受各营养阶层组分粒级结构的影响。在大细胞浮游植物占优势的海区,浮游植物被中型浮游动物摄食的经典食物链是重要的,而在以小细胞植物为主的生态系统中则以微型浮游动物对小细胞的浮游植物及细菌摄食的微食物环为主(孙军 等,2002)。

Pugnetti et al.(2005)对亚得里亚海的四个站点的浮游植物生产量和细菌碳的需要量的时空变化进行了三年的观测。结果表明,在春季,浮游植物产生的有机物可以满足表层细菌的利用量,但是,在夏季,有证据表明细菌对碳的需要量有些时候超过了浮游植物生产的有机碳量。

Jonsson et al.(2007)利用已有关于 $CO_2$ 在生态系统交换的资料,根据陆地碳进入表层水的计算以及陆地碳进入水生态系统的循环推测,大约 45% 的陆地碳在河流和湖泊中矿化,其余的都进入海洋。

Nakata et al.(2006)建立了一个营养水平很低的包括了捕食

食物网和微食物网生态系统的模型来研究碳循环。这个生态系统模型将一个海洋的普遍循环模型和一个模拟模型结合起来,来测定世界海洋的初级生产量的时空分布。其统计结果表明,每年净初级生产量达到了 $61.2 \times 10^9$ tC,与从人造卫星上拍到的影片分析的结果相符。表层下的颗粒有机碳的年通量达到 $5.5 \times 10^9$ tC。这个模型结果表明,低纬度地区具有高的初级生产量和低的输出量的一般趋势,微食物网在海洋碳循环中具有重要作用。

### 1.3.3.2 湖泊中

普遍认为,支持湖泊和池塘中食物链的有机物和能量的主要来源是通过本地光合作用进行的内部初级生产。或者,这种观点至少是生态学教科书中的共同假设。最近的证据表明,外部补充在维持这些生态系统运转中起着较大的作用,新的生态系统实验对这一不同观点提供了支持。密歇根两个湖泊中的内部初级生产量不足以支持这些生态系统。碳同位素动态表明,来自溶解物质和颗粒状物质的陆地碳源对水生食物链有显著的贡献,浮游动物中有质量分数高达 50% 的碳来自陆地的碳源。这些结果说明,有机碳的流域输入将陆地生态系统与水生食物链联系起来,它不仅支持细菌,而且支持无脊椎动物和鱼类的生存和繁殖(肖辉林摘自Nature,2004)。

关于湖泊的研究主要是长期的采样和观测。杨琼芳(2003)通过对滇池水体一年多的定点采样工作,重点调查研究了草海、外海表层水中细菌数量及有机营养盐碳、氮、磷的季节变化规律,分析探讨了细菌总数与环境条件和有机营养盐之间的某些关系,对滇池富营养治理提出了一些建议,并提出利用微生物学的方法参与这一研究。Kamjunke et al.(2006)研究了德国一个高酸性、含铁丰富的采矿过后的湖泊,表明有机碳在夏季分层现象是很明显的,并且溶解有机碳和无机碳浓度在温跃层一直都很低,而在均温层却很高。DOM 的化学组成对其生物活性有着重要作用,并且与其来源有着很大关系。不稳定的 DOM 可以很快被微生物吸收或呼吸作用利用(几个小时或者几天),这部分输出通常会被忽略,因为它只占沉积 POM 很小的一部分(Eppley et al.,1979)。当利用浮游藻类和海底藻类的分泌物时,浮游细菌的生长速率和效率很高;当利用地面水中的有机碳时,浮游细菌的生长速率和效率很低;当细菌利用腐烂的叶子中的有机物时,生长速率快,但是效率不高。

### 1.3.3.3　其他水体中

Hu et al.(2006)观测了珍珠港河口和中国南海附近的河流中的碳和氮的同位素以及沉积物表层的有机碳和总氮的含量。$^{13}$C 的同位素表明沉积物中的有机物的两个来源——陆地和海洋,其中,河口和西岸总有机碳的含量较低表明陆地颗粒有机物的沉积作用,初级生产量低是因为珍珠港支流的浊度高。研究结果表明表层沉积物中的有机物主要来源于海洋藻类和陆地植物。

# 1.4　本书的研究内容及意义

湖泊是内陆水体的自然单元之一,是陆地地表水及碳、氮、磷等元素汇集地之一。对于碳而言,一方面,由陆地地表植物固定的碳,可以通过枯枝落叶或其降解物等形式进入湖泊水体;另一方面,人类活动也会造成有机碳及无机碳通过地表径流进入湖泊。在富含碳酸盐岩石区域,地层中碳酸盐也通过淋溶作用进入湖泊。进入湖泊的碳,在湖泊生态系统内将发生复杂的生物地球化学转化,部分被湖泊河流带出至其他区域,部分被储存在湖底(Wetzel,1983),部分通过水-气界面进入大气,对大气碳的含量造成影响。当湖泊水体碳含量较低时,大气中二氧化碳还通过水-气界面进入湖泊。20 世纪五六十年代以来,人类活动导致排入湖泊的氮、磷等营养盐不断增加,湖泊富营养问题越来越突出,湖泊对大气 $CO_2$ 浓度的影响越来越大,因此研究湖泊水体碳循环对全球碳循环规律的研究具有重要意义。此外,碳作为湖泊生态系统重要营养物质,其在湖泊水体的传输转化和氮、磷等元素一样要受多种因素的制约,而且其对水体生物生长具有重要影响,因此研究湖泊中有机碳的生态作用,对了解湖泊富营养化发生发展机制也具有重要意义。

浮游植物是水生态系统的主要初级生产者,其通过光合作用将无机碳(主要是二氧化碳)合成为有机物,同时将太阳能转化为化学能储存,成为地球上生物的主要能量来源。浅水湖泊的有机碳的来源包括水体内部浮游植物的光合作用和除此以外的任何其他来源(包括水生高等植物和陆生植物光合作用生产后传输而来的部分)。在水体有机碳的成分中,可溶性有机碳是最主要的部分。活体浮游植物释放的主要是小分子的DOC,细菌等微型异养生物能够很快利用这部分小分子DOC,使得浮游植物在水体生态系统的碳素物质传输及能量流动过程中起主导作用。要研究水体有机碳的生态作用就必须从浮游植物入手。

中国是世界上浅水湖泊数量较多的国家之一,大型浅水湖泊多分布在人口密度大的地区,且多数都作为水源地,同时也是直接或间接的污水汇集区。尤其是长江中下游地区,人口密度一直都很高(超过 1 000 人/$km^2$),人类活动对这一地区湖泊生态系统的结构和功能产生了巨大影响,一个显而易见的结果是多数水体呈现了富营养化的状况,并且随着经济的高速发展,其富营养化程度在逐步加剧。过去国内有关浅水湖泊的研究比较集中在氮、磷营养盐的作用,涉及碳素物质的研究不多。太湖平原有大量水系结构相同、营养水平类似、污染负荷相近的浅水湖泊,但是各湖泊的生态结构差异很大(例如草型湖泊和藻型湖泊),因此,本地区比较适宜在野外研究水体生态结构的结构功能。太湖作为我国第三大淡水湖,具有浅水湖泊的各种特性,例如水体浑浊、垂直交换快、水土-水气界面交换充分、外源营养负荷高等,也包含了我国多数浅水湖泊的共性,即水体富营养化和蓝藻水华暴发。而太湖的不同湖区(如梅梁湾和东太湖)又可以代表不同类型的浅水湖泊。因此,在太湖开展浮游植物有机碳的研究具有良好的典型性。

太湖处于长江下游三角洲平原水网地区,是一个典型大型浅水湖泊,不仅在长江中下游有代表性,在全国也有显著的代表意义。此外,长江三角洲地区是我国经济最发达、城市化程度最高、污染最为严重、人类活动干预最强的地区。因此,对太湖有机碳的研究,不但对其他湖泊具有指导意义,而且对人类活动对湖泊生态系统演化及对全球气候变化影响的研究也具有重要意义。

本书提出并试图解答以下问题:

(1) 太湖中有机碳的时空分布特征;

(2) 太湖中浮游植物有机碳生产及其与环境因子的关系;

(3) 太湖浮游植物优势种类的有机碳生产及其与环境因子的关系。

# CHAPTER 2

# 太湖可溶性有机碳的
# 时空分布及其与浮游植物的关系

## 2.1 引 言

### 2.1.1 湖泊有机碳的生态学意义

水体中的有机物通过改变水体的酸碱度（Eshleman et al.，1985）、追踪重金属（Lawlor et al.，2003）、具有光吸收和光化学的性质（Schindler，1971；Zafariou et al.，1984）、为水生生物提供能量（Wetzel，1992）以及营养（Stewart et al.，1981）等来影响水生态系统的功能。DOC 可以作为水体污染的指示物，DOC 浓度高导致水中溶解氧的过度消耗，降低水生生物的多样性，导致水生态系统退化（Robards et al.，1994）。它也影响水处理过程（Alarconherrera et al.，

1994），并且是碳从陆地进入水生态系统、最终进入海洋生态系统的一个阶段，形成地球碳循环的一个重要组成部分（Hope et al.，1994）。另外，DOC 也可以用来辨别湖泊主要特征：DOC 浓度低的湖泊，水体清澈，水体是蓝色的；DOC 浓度高的湖泊的水色是棕色的，因为水中有很多吸收光线的腐殖酸和棕黄酸（Pace et al.，2002）。

## 2.1.2　国内外相关的研究背景

海洋中有关有机碳的研究可以追溯到 20 世纪 70 年代，当时只是将有机碳作为水体中一种主要的化学物质来研究。20 世纪后期，由于温室气体导致的全球变暖的现象成为各国科学家研究的热点和重点，全球碳循环的研究进入了一个新的阶段。海洋中碳库的主要成分是有机碳，对有机碳的研究成为碳循环研究中的一个重要环节。与海洋对应的内陆水体，有关有机碳的研究开展得较晚，尤其对有机碳的组成和生态作用的研究就更少，对浅水湖泊中有机碳的研究几乎是空白。由于浅水湖泊生态系统各营养级生物之间的关系相对比较复杂，要弄清其能量流动的过程就相对困难，至今世界范围内有关浅水湖泊有机碳的生态过程的研究鲜见报道。

## 2.1.3　太湖有机碳研究与蓝藻水华暴发的关系

太湖位于江苏、浙江两省之间，该地区工业经济发达，对太湖的排污负荷也相当大。自 20 世纪 80 年代末开始，太湖频繁发生水华（陈宇炜 等，1998；吴静 等，1999），且呈日渐加重的趋势。1990 年夏季，无锡地区自来水厂水源地蓝藻暴发，迫使水厂日产水量由 55 万～56 万 t 锐减到 40 万～45 万 t，且供水质量也大大下降，自来水呈淡绿色，有浓烈的藻腥味，致使 116 家工厂停产数天,居民用水困难(陆潜秋,1995)。2007年4月底,太湖蓝藻大规模暴发,在西北部梅梁湾等积聚了大量蓝藻。根据太湖流域管理局对小湾里水厂、锡东水厂、贡湖水厂水源地的监测,5月6日梅梁湾小湾里水厂水源地叶绿素a含量达到259 $\mu g/L$,位于贡湖湾和梅梁湾交界的贡湖水厂水源地达到139 $\mu g/L$,贡湖湾锡东水厂水源地达到53 $\mu g/L$,叶绿素a在太湖西北部湖湾全部超过40 $\mu g/L$的蓝藻暴发界定值。到5月中旬,太湖梅梁湾等湖湾的蓝藻进一步聚集,蓝藻分布的范围和程度均在扩大和加重(水利部太湖流域管理局 等,2007)。

由于各个湖泊的富营养化程度不同,其水华中藻的种类也不尽相同,但是其优势藻种的类型是大致相同的,主要有蓝藻门、隐藻门和硅藻门等。在我国的湖泊水华中,蓝藻的许多种属都是形成水华的优势种。陈宇炜 等(1998)利用1991~1997年太湖梅梁湾的定点藻类种类和生物量动态监测资料并数次连续布点进行藻类采样研究,初步探明太湖夏季水华主要由蓝藻、隐藻、硅藻、绿藻、裸藻和甲藻六大门类组成,在各种水华藻类中蓝藻为最优势门类,其生物量占39%,其中微囊藻属(*Microcystis*)为优势种,占蓝藻总数量的90%以上。由于太湖水华是以蓝藻为优势种群,因此一般称之为蓝藻水华。

由前述可知,水生态系统中的有机碳的来源有内源有机碳和外源有机碳。内源有机碳主要是由浮游植物生长过程中释放到环境中的。外源有机碳主要是由陆地等生态系统产生并通过不同途径传输到水生态系统中。太湖是一个大型的浅水湖泊,富营养化严重,蓝藻水华频繁暴发,因此有必要研究其中有机碳的分布特征,以及蓝藻水华对太湖中有机碳的影响。

## 2.2 研究方法

### 2.2.1 采样范围和频度

本研究利用的是太湖湖泊生态系统研究站常规监测的 DOC 数据。从 2005 年开始，太湖的监测点有所调整，由原来的 20 个点调整为后来的 32 个点。图 2-1 为采样点位图。

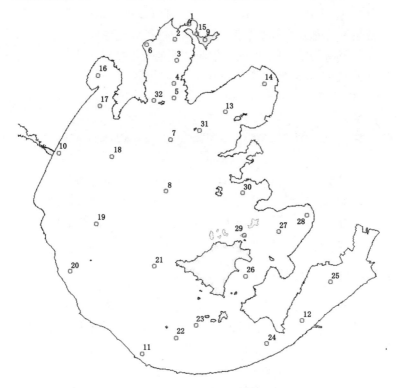

图 2-1　太湖采样点位图

### 2.2.2　DOC 测试仪器和方法

DOC 的测定是将湖水用玻璃纤维滤膜（GF/C，Whatman 公司）过滤，过滤后的水样用 1020 型 TOC 仪（O.I.分析仪器公司，范围 0.5～500.0 mg/L，精确度 3%RSD）直接进行检测。

### 2.2.3　浮游植物生物量分析和计算

浮游植物生物量分析和计算：采水样 1 L，用鲁哥氏液固定，静置 24 h 以上，浓缩至 30 mL。取 0.1 mL 进行镜检，根据《淡水浮游生物研究方法》（章宗涉 等，1991）进行分类鉴别并计数，计算出浮游植物数量，再根据藻类细胞体积的大小换算生物量，1 mm³ 细胞体积＝1 mg 生物量（湿重）。

# 2.3　研究结果

根据太湖不同湖区的地域及特点，分为以下几个湖区：五里湖（1，9，15），梅梁湾（2，3，4，5，6，32），西太湖（7，8，18，19，20，21，31），竺山湾（10，16，17），南太湖（11，22，23），东太湖（12，24，25），贡湖湾（13，14），胥口湾（26，27，28，29，30）。

### 2.3.1　DOC 的时空分布

从图 2-2 中可以看出，2004 年 DOC 浓度的平均值比 2003 年有明显增加，2005 年的 DOC 月平均浓度较 2004 年低。而 2006 年的 DOC 平均浓度与 2003 年接近。2007 年 DOC 的平均浓度又有所升高，基本上与 2005 年持平。

从图 2-3 中可以看出，2003 年各样点的平均浓度较低，2004～2006 年各样点的平均浓度有降低趋势。2007 年，DOC

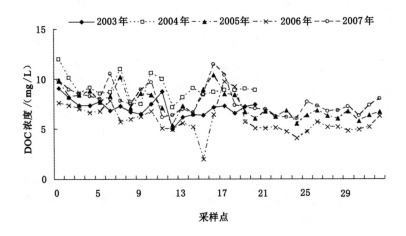

图 2-2  2003～2007 年 DOC 平均浓度比较

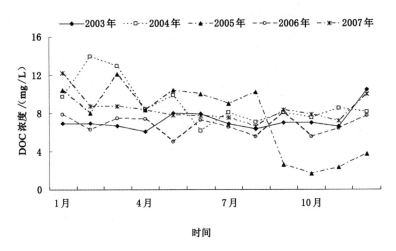

图 2-3  2003～2007 年 DOC 各采样点平均浓度比较

的平均浓度又有所升高。2005 年后四个月的数据不准,在此不作分析。

从图 2-4 中可以看出,2006 年,竺山湾和五里湖 DOC 的平均浓度比其他湖区都高,而贡湖湾 DOC 的平均浓度则相对较低。另外,对太湖各湖区在 2006 年四个季度的 DOC 值(图 2-5)的分析表明,竺山湾和五里湖 DOC 的平均浓度比其他湖区都高,而南太湖和东太湖的 DOC 的平均浓度则相对较低(见图 2-5);从全湖来看,竺山湾和五里湖 DOC 平均浓度最高,而南太湖和东太湖最低。对样品进行分析发现,在污染程度较高的水域,DOC 浓度也相应较高;生长水草的区域,其 DOC 浓度相对较低,这与杨顶田的研究结果相符(杨顶田 等,2004)。

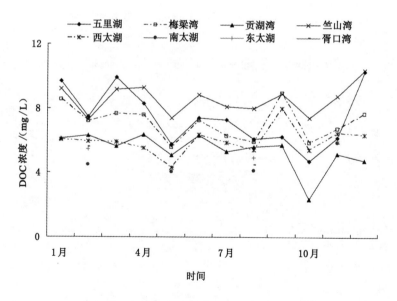

图 2-4  2006 年太湖各湖区 DOC 平均浓度情况

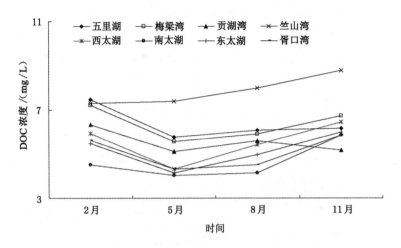

图 2-5  2006 年太湖不同湖区四个季度 DOC 平均浓度情况

## 2.3.2  DOC 的分布特征与浮游植物总生物量的关系

浮游植物生物量的测定是其生理生态学研究中的常规测定指标。浮游植物生物量的测定方法很多,如细胞计数法、干重测定法、叶绿素 a 含量测定法、浊度法、最大比生长率法等。实验室最常用的方法是细胞计数法和叶绿素 a 含量测定法。

我们对 2006 年叶绿素 a 与 DOC 浓度之间的相关性也作了分析,并且分为三个层次:各样点每月的值、每月的平均值以及各样点在 2006 年的平均值。

从图 2-6 可以看出,2006 年各采样点在一年的 12 个月中叶绿素 a 与 DOC 浓度的相关性不显著。而对 2006 年太湖叶绿素 a 与 DOC 浓度每月平均值之间作出相关关系图如图 2-7 所示,结果发现它们之间有着显著的线性相关关系($R^2 = 0.678$,$p < 0.05$)。而将一年内太湖各样点的叶绿素 a 的平均值计算出来,并将其对

DOC 浓度进行相关分析,发现其相关性显著($R^2 = 0.735\ 6$,$p <$ 0.05)(见图 2-8)。另外,对 2006 年浮游植物总生物量与 DOC 浓度的相关关系的分析发现,其相关性不显著。

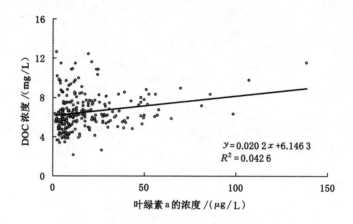

图 2-6　2006 年叶绿素 a 与 DOC 浓度的相关关系

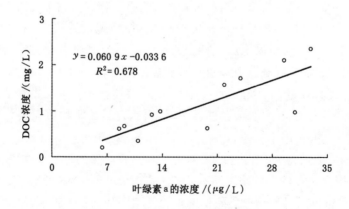

图 2-7　2006 年叶绿素 a 与 DOC 浓度每月平均值的相关关系

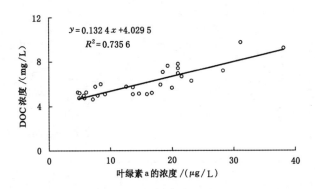

图 2-8　2006 年叶绿素 a 与 DOC 浓度各样点平均值的相关关系

### 2.3.3　DOC 的分布特征与蓝藻(微囊藻)生物量的关系

太湖作为我国的第三大淡水湖泊,是一个典型的富营养化湖泊,而富营养化的典型特征就是蓝藻暴发,对于太湖来说,主要是微囊藻大量繁殖。因此,蓝藻生物量以及微囊藻生物量与 DOC 的关系就变得尤为重要。从图 2-9、图 2-10 可以看出,太湖蓝藻生物量以及微囊藻生物量与 DOC 浓度不显著相关。

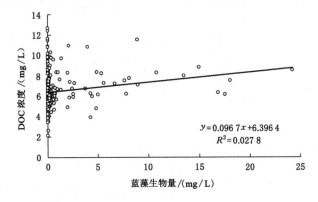

图 2-9　2006 年蓝藻生物量与 DOC 浓度的相关关系

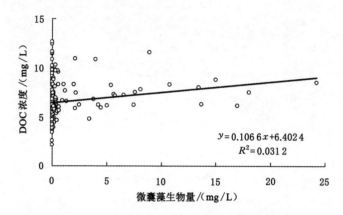

图 2-10　2006 年微囊藻生物量与 DOC 浓度的相关关系

# 2.4　讨　论

## 2.4.1　DOC 的时空分布分析

### 2.4.1.1　时间变化

太湖从 20 世纪 60 年代中期 I-Ⅱ类的水质,到 20 世纪 90 年代,太湖进入富营养水平(虞孝感 等,2007)。1998 年,太湖水域富营养化在不断恶化,全湖已达富营养、局部重富营养水平,江苏省政府等有关部门,于 1998 年颁布了在太湖流域内禁用含磷洗涤剂的正式文件,决定从 1999 年 1 月 1 日起,在太湖流域 1、2 级保护区内,禁止销售和使用含磷洗涤剂,3 级保护区内,控制销售和使用含磷洗涤剂。太湖治理从 20 世纪 90 年代后期得到了高度重视,1998 年底对重点污染工业实施的"零点达标行动",使流域污染物的输入得到一定控制(林泽新,2002)。另外,引江济太工程自 2002 年实施以来,截至 2007 年 8 月 13 日,共从长江引水 102 129 亿 m³,在增加流域水量、改善流域水质和水环境状况等方面发挥了重要作用(伍远康 等,2007),太湖贡湖区、湖心区以及东太湖区水质得到不同程度的改善,蓝藻暴发受到抑制,富营养化指标总磷浓度为近五年时间内同期最低。特别是 2003 年,太湖流域遇到了干旱高温,通过引江济太和雨洪资源利用,有效抑制了蓝藻的暴发(刘宁,2004)。

2003～2007 年,虽然太湖进行了治理,并且取得了一定的效果,然而,研究发现,在沉积物中积累了大量营养盐的情况下,太湖的内源负荷相当大,强烈的风浪扰动特点使得太湖沉积物与水体的营养盐交换频繁,能够快速补充水华暴发期间的营养盐需求(范成新 等,2003;Qin et al.,2006),因此,太湖中的浮游植物仍然可以获取足够的营养物质用以生长,导致太湖 DOC 平均浓度逐年增高。至于 2006 年的 DOC 浓度稍微降低,基本上与 2003 年持平,可能是由于引江济太工程对太湖水中的 DOC 起到了一定的稀释效果。

### 2.4.1.2 空间差异

太湖是一个大型的浅水湖泊,具有广阔的水面,太湖的不同湖区(如梅梁湾和东太湖)又可以代表不同类型的浅水湖泊,不同湖区中的生物群落组成不同,其中的浮游植物、大型水生植物也不尽相同,因此,太湖不同湖区的 DOC 浓度也不会相同。例如,2006年,竺山湾和五里湖 DOC 浓度较高,贡湖湾的 DOC 浓度较低(见图 2-5);从全湖来看,竺山湾和五里湖 DOC 平均浓度最高,而南太湖和东太湖最低。从图 2-11 中可以看出,2006 年五里湖、梅梁湾和竺山湾的总氮浓度较高,而东太湖和南太湖的总氮浓度较低。而各个湖区中的总磷浓度却总体相差不大。对样品进行分析发现,在污染程度较高的水域,DOC 浓度也相应较高;生长水草的区域,其 DOC 浓度相对较低,这与杨顶田的研究结果相符(杨顶田,

2004)。对 2005 年和 2007 年的分析,也得到了相同的结果。

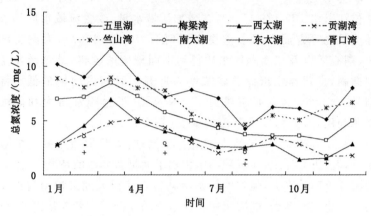

图 2-11　2006 年太湖各湖区总氮的平均浓度

## 2.4.2　DOC 的分布特征与浮游植物总生物量的关系分析

我们的研究发现叶绿素 a 与 DOC 浓度在短期之间的相关性不强,而有研究认为,DOC 与叶绿素 a 之间的关系不是很明显,认为 DOC 不是藻类直接分泌到水体中的,而主要是浮游植物在营养缺乏的时候向水体中分泌的。而通过对 2006 年太湖各采样点叶绿素 a 与 DOC 浓度在每月的平均值以及各采样点在 2006 年叶绿素 a 与 DOC 浓度的平均值的分析发现,太湖叶绿素 a 与 DOC 浓度在长期(一年的周期)尺度的相关性显著。这说明 DOC 主要是太湖浮游植物产生并分泌到太湖中去的。

## 2.4.3　DOC 的分布特征与蓝藻(或微囊藻)的关系分析

2006 年,太湖蓝藻生物量以及微囊藻生物量与 DOC 浓度不显著相关。同时,竺山湾和梅梁湾微囊藻生物量、蓝藻生物量、总生物量与 DOC 浓度也不显著相关。叶绿素 a 的长期平均值与

DOC 的相关性显著,但是蓝藻、微囊藻与总生物量的相关性不显著,这可能是由于蓝藻(特别是微囊藻)的漂移性。另外,由图2-12可知,微囊藻在夏秋季节占优势,而且只是在局部湖区(梅梁湾和竺山湾)占优势。

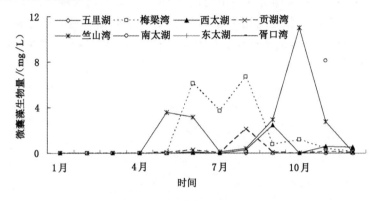

图 2-12  2006 年太湖不同湖区微囊藻生物量

# 2.5 小 结

2006 年对太湖全湖进行了每月一次、为期一年的采样,以及太湖几个典型湖区每季度一次的采样,分析了太湖常规监测的 DOC 与叶绿素 a、浮游植物的生物量的关系,分析了太湖有机碳的时空分布特征及其与环境因子的关系。本研究主要得到以下结果:

(1)2004 年 DOC 浓度的平均值比 2003 年有明显增加,2005 年 DOC 月平均浓度较 2004 年低。而 2006 年的 DOC 平均浓度与 2003 年接近。2007 年的 DOC 月平均浓度与 2005 年持平。2006 年,从全湖来看,竺山湾和五里湖 DOC 平均浓度最高,而南太湖和东太湖最低。

（2）太湖中叶绿素 a 与 DOC 浓度在长期（一年的周期）尺度的相关性显著，这说明 DOC 主要是太湖浮游植物产生并分泌到太湖中去的。

（3）虽然蓝藻是太湖中的优势种，但是短期内太湖中的 DOC 浓度与蓝藻生物量的相关关系不好，这可能是由于蓝藻的漂移性导致的。另外，蓝藻只是太湖中夏秋季节的优势种，而不是全年的优势种。

# CHAPTER 3

# 太湖浮游植物群落的
# 有机碳生产及其与环境因子的关系

## 3.1 引 言

　　从本质上讲,初级生产力是水体生态系统中有机碳的最终来源(Wetzel,1983)。从全球范围来讲,水生态系统中的有机碳来源主要包括两种:外源有机碳和内源有机碳。外源有机碳主要是由陆地生态系统生产并通过不同途径传输到水体中的,来源于陆地和半水生环境。它的数量和质量取决于陆地特点和人类活动的影响,包括农业活动、家庭活动和工业活动所产生的外来有机物(Moore et al.,1989)。水生态系统的内源有机碳是水体内部生产者(藻类和水生高等植物等)利用光合作用产生的,包括所有营养级生物的分泌物和排出物以及死的生物体的腐烂。

　　浮游植物是水体生态系统中的主要有机碳生产者,是水生态系统内源有机碳的来源,在生态系统的物质转换和能量流动过程中起着关键的作用(刘建康,1999)。目前,关于水体生态系统中浮游植物产生有机碳的直接观测有很多。海水上涌区是世界上海洋生态系统中生产量最高的地区。尽管海水上涌区面积只占海洋表面积的1%,新产生的初级生产量却占总初级生成量的10%以上。在海洋生态系统中,浮游植物新生成的光合作用产物的胞外释放是水体中溶解有机碳的一个主要来源(Cole et al.,1982)。另外,Pugnetti et al.(2005)对亚得里亚海的调查表明,每个地区都有相当大一部分的初级生产量(胞外释放率大于20%,最高达到70%)以溶解有机碳的形式释放出来。特别是从春季到夏季,胞外释放率相当高(>10%),生产量也较高。这个结果表明,光合作用和生长之间具有不关联性,这可能与营养元素有关,营养元素是额外细胞有机碳生产量较高的一个因素。Kim et al.(2005)在Bransfield海峡配置了沉积物捕集器,从1998年12月到2001年12月进行了三年多的调查。调查发现,在Bransfield东部海湾表层水的生产量和输出量之间有一个月的滞后期,可能是因为浮游植物在夏初的生长条件较好,而产生的有机物都转化为浮游植物的生物量,几乎没有有机颗粒沉积到海底。Bates et al.(2005)和Goñi et al.(2005)的观察研究都表明由于浮游植物生产量很高,表层水中积累了大量的碳和氮,最终沉积到水体底部。

在大多数海洋生态系统中,浮游植物的初级生产力供养了更高营养级的有机体。自从[14]C方法被Nielsen(1952)引入生态学中以来,一直被用作自然水体的初级生产力的测定方法。Tada et al.(1998)利用[13]C标记法来测定Seto内陆海的初级生产力。

还有人利用实验来确定浮游植物产生有机碳的情况,Wetz et al.(2003)在海水上涌季节在Oregon海岸进行了甲板培养,研究发现在浮游植物的指数增长期间,积累的总有机物大部分以颗粒有机物(大于78%)的形式存在。这表明在海岸浮游植物暴发期间,溶解有机物只是其中很小的一部分。尽管 DOM 的产生机制有很多,Wetz et al.(2003)的研究结果表明,DOM 的累积与浮游植物暴发的营养限制有关。在其他海洋生态系统中已经证实了受营养物质限制的浮游植物暴发的 DOM 释放(Obernosterer et al.,1995)。在浮游植物的指数增长期间,浮游植物细胞经常积累糖类。在浮游植物的指数增长期到稳定期的转变过程中,或者是在营养充足到营养耗尽的转变过程中,浮游植物释放大量的累积可溶糖类,主要是多糖(Ittekkot et al.,1981;Biddanda et al.,1997;Meon et al.,2001;Myklestad,1993;Williams,1995)。

另外,还有人利用模型来反映浮游植物的有机碳产生情况。Nakata et al.(2006)利用一个模型来反映低纬度地区具有高的初级生产力和低的输出,并且揭示了海洋碳循环中的微食物网情况。

湖泊初级生产过程是碳、氮、磷等生源要素的生物地球化学循环和湖泊生态系统的能量流、物质流的基础,影响到湖泊生物资源量的变动及湖泊生态系统的结构和功能。浮游植物初级生产力是水体生物生产力的基础,是湖泊生态系统食物网的结构和功能的基础环节。浮游植物通过光合作用将无机碳(主要是二氧化碳)合成为有机物,同时将太阳能转化为化学能储存,成为地球上生物的主要能量来源。浮游植物光合作用的过程可用以下化学方程式来表示:

$$12H_2O + 6CO_2 + 阳光 \xrightarrow{\text{(与叶绿素产生化学作用)}} C_6H_{12}O_6(葡萄糖) + 6O_2 + 6H_2O$$

## 3.2 实验设计

浮游植物是水体生态系统中的主要有机碳生产者,在生态系统的物质转换和能量流动过程中起着关键的作用。对浮游植物群落的有机碳生产过程,本研究以野外现场实测与室内实验模拟相结合的方法,来揭示浮游植物生长过程中的几个重要问题:自然条件下浮游植物的有机碳生产率,以及浮游植物群落生长过程中其物理、化学和生物环境要素的相关关系。该实验的总体设计如图3-1 和图 3-2 所示。

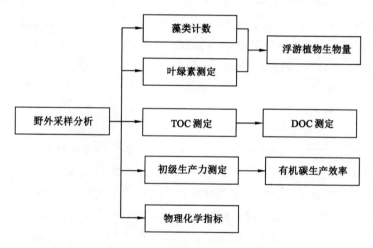

图 3-1　太湖野外采样实验设计

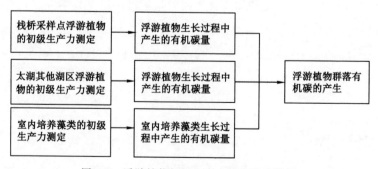

图 3-2　浮游植物初级生产力测定实验设计

湖泊初级生产过程十分复杂,不仅受光照、温度、营养盐、浮游植物生物量等环境因子的影响,不同的测定方法和手段得到的测定结果也有差异。目前常用的方法有黑白瓶测氧法、碳同位素法、叶绿素法等。黑白瓶法简便易行,应用广泛。

# 3.3 材料与方法

## 3.3.1  采样地点

本实验对太湖系统研究站的栈桥附近进行每月一次的浮游植物初级生产力测定。另外,还选取了太湖常规监测的四个典型样点(样点 8、样点 9、样点 12、样点 13)进行采样,分别进行了春、秋、冬、夏 4 季浮游植物初级生产力的测定。站点位置见图 2-1。

## 3.3.2  采样及测量方法

### 3.3.2.1  野外采样的初级生产力测定

实验于 2007 年 1~12 月在太湖生态系统研究站的栈桥上进行,初级生产力用黑白瓶溶氧法测定,每个月的初级生产力曝光时段都是 10:00~14:00,曝光在栈桥平台上进行。另外,每个季度对样点 8、样点 9、样点 12、样点 13 的初级生产力进行测定,事先将样点 8、样点 9、样点 12、样点 13 的水样都取到栈桥平台上,然后统一进行曝光初级生产力的测定。黑白瓶体积为 250 mL,挂瓶深度分别为 0 cm、20 cm、40 cm、60 cm 和 100 cm,每层 1 个黑瓶、2 个白瓶,挂瓶水样为各层水的混合水样,采样时固定初始溶氧,同时测定水温、透明度、光合有效辐射强度、浮游植物叶绿素 a (Chla)含量及氮、磷营养盐浓度。光强选用美国 LI-COR 公司生产的水下光量子仪测定,透明度用赛氏圆盘测定。叶绿素 a 采用分光光度法,利用 90% 的酒精萃取,然后在 721 分光光度计上测定。其他营养盐指标的测定参见《湖泊生态调查观测与分析》(黄祥飞,1999)。

### 3.3.2.2 藻类培养的初级生产力的实验步骤

配制 10 L 的 BG-11 培养基,用 3 L 的三角瓶盛装,然后加入一定量的微囊藻(预先设定叶绿素 a 浓度为 10 $\mu g/L$、50 $\mu g/L$、100 $\mu g/L$),装 1 个初始瓶、1 个黑瓶、4 个白瓶[1 个白瓶放在温室内有光的地方(A1),1 个放在温室内阳光照不到的地方(A2),1 个放在温室外有光的地方(A3),1 个放在温室外阳光照不到的地方(A4)]。其他步骤同平时初级生产力测定。

## 3.3.3 水生态系统的初级生产力产生有机碳的计算方法

水生态系统的初级生产力产生有机碳有两种计算方法。

(1) 水层日生产量($mgO_2/L$)的计算方法:

净生产量=白瓶溶解氧量-初始瓶溶解氧量

呼吸作用消耗量=初始瓶溶解氧量-黑瓶溶解氧量

总生产量=净生产量+呼吸作用消耗量

(2) 水柱日生产量($gO_2/m^2$)及其计算方法:水柱日生产量是指面积为 1 $m^2$,从水表面到水底的整个柱形水体的日生产量,可用算术平均值累计法计算。用当量关系将产氧量乘以系数 0.35 粗略换算为该水域的初级生产力,也可将氧量换算为生产有机物的量,即乘以系数 9/8 即得。

## 3.3.4 浮游植物生物量分析和计算

浮游植物生物量分析和计算方法同第 2 章 2.2.3。

# 3.4 结 果

## 3.4.1 初级生产力的月变化趋势

图 3-3 是栈桥平台附近的水样的初级生产力情况,从图中可以看出,总生产量和呼吸量在 4～9 月较高,而在 10 月至次年 3 月较低。8 月的总生产量达到了最大值 0.140 mgC/(L·h),5 月的总生产量次之,为 0.128 mgC/(L·h),1 月的总生产量为最小值,为 0.014 mgC/(L·h)。

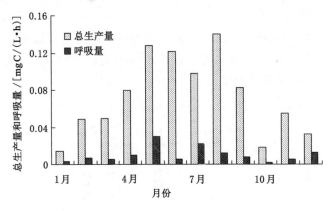

图 3-3 栈桥各月初级生产力的变化

而相对于太湖四个典型湖区每季度的初级生产力变化(见图 3-4)来说,8 月和 11 月的总生产量和呼吸量较高,而 2 月和 5 月相对较低。样点 8 和样点 9 的初级生产力较高。8 月样点 9 的总生产量达到了最大值 0.281 mgC/(L·h),11 月样点 13 的总生产量次之,为 0.273 mgC/(L·h),2 月样点 13 的总生产量为最小值,为 0.007 mgC/(L·h)。

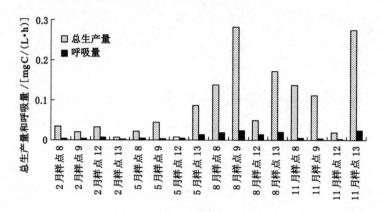

图 3-4　太湖四个典型湖区各季度初级生产力变化

从图 3-5 中可以看出,夏秋季的初级生产力中叶绿素对有机碳的合成效率较高,而冬春季较低,说明在夏秋季的温度和光照条件适合于浮游植物的生长。

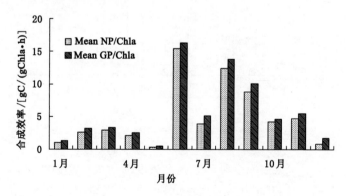

图 3-5　初级生产力叶绿素对有机碳的合成效率

Mean NP/Chla——平均净初级生产量与叶绿素 a 的比值;

Mean GP/Chla——平均总初级生产量与叶绿素 a 的比值

## 3.4.2 培养藻类的初级生产力

### 3.4.2.1 辐射和气温数据

A1、A2、A3、A4 四个白瓶的辐射和气温数据如表 3-1 所列。

表 3-1       2007 年 12 月 13 日的辐射和气温数据

| 时间 | A1 /[μE/(m² · s)] | A2 /[μE/(m² · s)] | 室内温度 /℃ | A3 /[μE/(m² · s)] | A4 /[μE/(m² · s)] | 室外温度 /℃ |
|---|---|---|---|---|---|---|
| 12:00 | 430 | 20 | 18.5 | 620 | 130 | 8 |
| 13:00 | 265 | 15.5 | 19.6 | 400 | 105 | 9.5 |
| 14:00 | 185.5 | 12.5 | 19.5 | 300 | 100 | 9 |
| 15:00 | 63 | 4.5 | 17.8 | 70 | 30 | 8 |
| 15:40 | 35 | 2.5 | 17 | 56 | 29 | 8 |
| 求和 | 978.5 | 55 | 92.4 | 1 446 | 394 | 42.5 |

### 3.4.2.2 叶绿素 a 浓度

本实验是利用前期纯培养的微囊藻进行初级生产力的实验（步骤见 3.3.2）。取一定体积的原培养液放到新配制好的培养基中，测定其中的叶绿素 a 的浓度。此组叶绿素的浓度梯度与事先设计的浓度不符，但是可以达到预先设定的目的。在本实验中，取两个浮游植物的浓度梯度进行，并且对每个浓度梯度各取两个平行测定其中的叶绿素 a 浓度，如表 3-2 所列。

表 3-2       微囊藻初级生产力的叶绿素 a 浓度

| 分组 | 浓度/(mg/L) |
|---|---|
| 浓 1 | 722.6 |
| 浓 2 | 881.6 |
| 稀 1 | 218.7 |
| 稀 2 | 192.0 |

### 3.4.2.3 藻类培养的初级生产力

图 3-6 是纯种微囊藻的初级生产力情况,从图中可以看出,叶绿素 a 浓度高的水样,其中的总初级生产量和净初级生产量都很高。由于本实验是用培养基进行培养的,培养基中的营养盐浓度都是很高的,足够其中的浮游植物生长所利用。另外,叶绿素 a 的浓度可以用来表征其中浮游植物的生物量。因此,叶绿素 a 浓度高的,表明其中的浮游植物多,合成有机碳的速度就快。

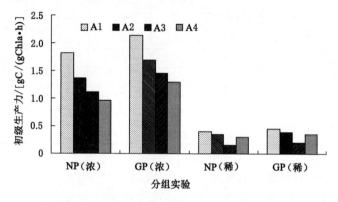

图 3-6　纯种微囊藻的初级生产力

NP——净初级生产量,net primary production;

GP——总初级生产量,gross primary production

图 3-7 是纯种微囊藻的叶绿素对有机碳的合成效率,从图中可以看出,叶绿素的合成效率与培养溶液浮游植物的浓度关系不大,而是受到辐射和水温的影响。从本实验的结果来看,A1 的叶绿素合成效率最高,由此,在本实验条件下,光照越强,温度越高,初级生产力越高。相对于浮游植物生物量高的培养溶液来说,辐射对叶绿素的合成效率影响较大,而相对于浮游植物生物量低的培养溶液来说,虽然辐射够强,但是由于室外温度较低,叶绿素对有机碳的合成效率却很低。

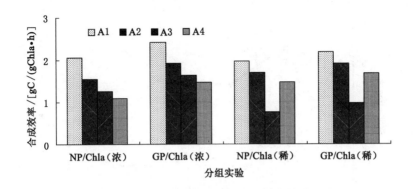

图 3-7　纯种微囊藻的叶绿素合成效率

NP/Chla——净初级生产量对叶绿素 a 的比值；

GP/Chla——总初级生产量对叶绿素 a 的比值

### 3.4.3　浮游植物群落生长过程中环境因子的作用

浮游植物生长是一个多因素综合作用的过程,影响因子主要有营养因子、生态因子。对绝大多数水体而言,限制藻类生长的营养因子主要是氮和磷,有时 $CO_2$ 也会成为限制因素;生态因子是藻类生长的外因,主要包括光照、温度、pH 值、溶解氧、水的活度、氧化还原电位、其他生物等。

#### 3.4.3.1　营养因子

本研究中的初级生产力实验水样中的营养元素浓度如图 3-8~图 3-11 所示。

如图 3-8 所示,总氮浓度在冬春季较高,而在夏秋季有所降低。而从图 3-9 可以看出,总磷的浓度总体变化不大,只有 6 月和 12 月稍高。

而从图 3-10、图 3-11 中可以看出,样点 9(五里湖)和样点 13(贡湖湾)的总氮和总磷浓度比其他两个样点高。而 11 月样点 8

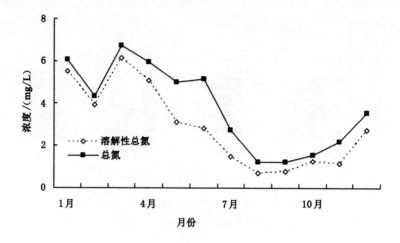

图 3-8　栈桥各月 DTN、TN 的浓度

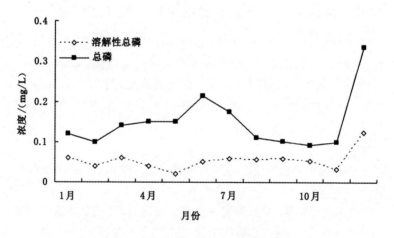

图 3-9　栈桥各月 DTP、TP 的浓度

的总氮和总磷浓度也相对较高,而溶解性总氮和溶解性总磷的浓度却相对较低。

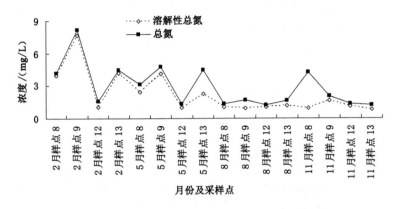

图 3-10　四个季度几个采样点的 TN、DTN 变化

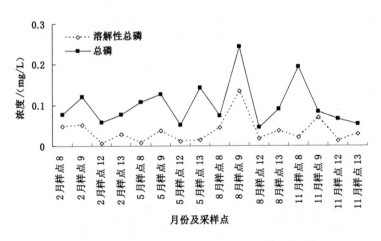

图 3-11　四个季度几个采样点的 TP、DTP 变化

### 3.4.3.2　生态因子

由于太阳辐射能的周期性变化和随之而来的其他环境条件的变化,浮游植物生产力和生物量也发生季节变化,其变化状况与水

体所处的纬度、深度和营养类型等有密切关系（王志红 等，2006）。2007 年栈桥平台附近的水温情况如图 3-12 所示，夏秋季的水温较高，冬春季的水温较低。表层温度与底层温度相差不大。

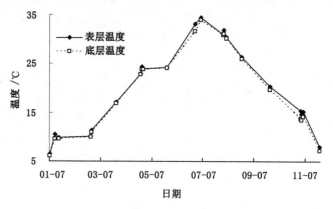

图 3-12　栈桥平台附近水温的变化

而 2007 年的光照情况（图 3-13）则比较平均，季节变化不太明显。

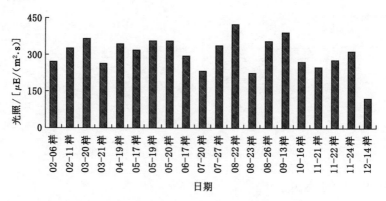

图 3-13　初级生产力的光照情况

### 3.4.3.3 DOC 数据

图 3-14 为 2007 年太湖每月 DOC 浓度平均值比较,从图中可以看出,DOC 的浓度总体变化不大,只有 1 月和 12 月稍微较高。图 3-15 为 2007 年太湖不同湖区 DOC 浓度的平均值,从图中可以看出,竺山湾和五里湖的 DOC 浓度的年平均值较高。

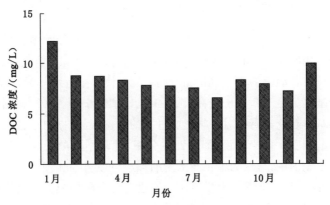

图 3-14　太湖每月 DOC 浓度平均值比较

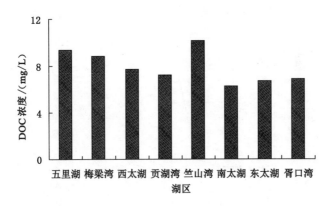

图 3-15　太湖不同湖区 DOC 浓度的平均值

## 3.5 讨　论

### 3.5.1　水体中浮游植物的种类及其生物量对有机碳生产的影响

浮游植物生物量是初级生产力的物质基础。浮游植物的生物量也常用叶绿素 a 的浓度来表示。结果表明,叶绿素 a 含量、初级生产力均存在明显的季节变化和空间差异。栈桥附近水体的叶绿素 a 含量基本上是 4、5 月份较高(图 3-16)。孔繁翔 等(2005)根据生态学的基本理论和野外对水华形成过程的原位观测,提出了蓝藻水华成因的四阶段理论假设,即在四季分明、扰动剧烈的长江中下游大型浅水湖泊中,蓝藻的生长与水华的形成可以分为休眠、复苏、生物量增加(生长)、上浮及聚集等 4 个阶段。每个阶段中蓝藻的生理特性及主导环境影响因子有所不同,在冬季(11 月～次年 2 月),水华蓝藻的休眠主要受低温及黑暗环境所影响,春季(3～5 月)的复苏过程主要受湖泊沉积表面的温度和溶解氧控制,而光合作用和细胞分

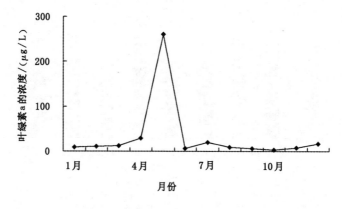

图 3-16　栈桥各月叶绿素 a 含量的变化

裂所需要的物质与能量则决定水华蓝藻在春季和夏季的生长状况，一旦有合适的气象与水文条件，已经在水体中积累的大量水华蓝藻群体将上浮到水体表面积聚，形成可见的水华。由此理论出发可以看出，到4、5月份蓝藻暴发，再加上刮南风，水华由于风浪作用在栈桥附近大量聚集，导致栈桥附近的叶绿素 a 含量很高。另外，2007年12月初级生产力测定时，由于风浪的作用，藻类都聚集到了栈桥附近，导致栈桥附近的叶绿素 a 含量较高。

空间上，由于太湖是一个大型的浅水湖泊，水面广阔，太湖的不同湖区可以代表不同类型的浅水湖泊〔例如，梅梁湾代表藻型湖泊，贡湖湾（样点 13）代表藻-草混合型湖泊，东太湖（样点 12）代表草型湖泊〕。样点 8、样点 13 叶绿素 a 的含量显著高于其他各点，尤其 5 月的样点 13，最高值达到了 103 $\mu g/L$。样点 12 在东太湖，由于东太湖是草型湖泊，其中浮游植物较少，因此叶绿素 a 含量较低。样点 8 位于太湖湖心，由于太湖的水面广阔，11 月份风力的作用，将浮游植物都聚集到湖心位置，因此，11 月的叶绿素 a 含量非常高，达到了 339.5 $\mu g/L$。到冬季 4 个采样点的叶绿素 a 含量较低，这是由于冬季温度低、光强弱，浮游植物处于休眠越冬期，光温限制其生长，因而叶绿素 a 含量都很低。

初级生产力的时空分布与叶绿素 a 的时空分布较为一致，栈桥总生产量和呼吸量在 4～9 月较高，而在 10 月至次年 3 月较低，太湖四个典型湖区每季度的初级生产力，8 月和 11 月的总生产量和呼吸量较高，而 2 月和 5 月相对较低。近年来由于太湖蓝藻水华频发，特别是到了夏季，所以其初级生产力相对较高。空间上，除了东太湖的样点 12，其他点位的初级生产力都较高。东太湖是草型湖泊，其中浮游植物较少，因此，其初级生产力较低。

## 3.5.2  光强和温度对有机碳生产的影响

众所周知，水体生态系统中光能的利用率远远低于陆地上，这是因为水体对辐射具有选择性,并且水体本身也会吸收一部分辐射。另外,水体中的颗粒有机物和溶解有机物也会吸收一部分辐射。并且,水体吸收的辐射比水体中浮游植物吸收的要多,最大值出现在富营养化湖泊和热带的湖泊中(Wetzel,1983)。

初级生产力随光强变化而变化,同一天内,温度、营养盐、浮游植物现存量、滤食性动物差异较小,浮游植物初级生产力的日变化受光照的影响最大。就整个水柱而言,初级生产力随光照增强而增大,在 10:00～14:00 光照最强,此时浮游植物初级生产力占一天累积总量的份额也最大,约为 60%。就表层水而言,中午前后光照最强时经常会出现光抑制现象(见图 3-17～图 3-19),除此之外一般初级生产力随水深增加而下降(见图 3-17),这些结果与赵文 等(2003)、阎喜武 等(1997)研究结果一致,与张运林 等(2004)

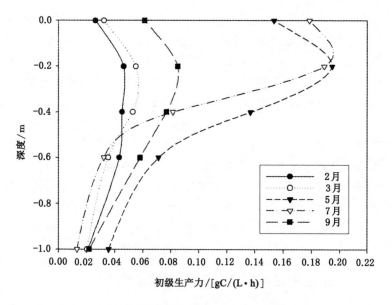

图 3-17　太湖栈桥附近初级生产力的垂直分布

在室内模拟而得到的强光作用下初级生产力最大值出现在 0.2 m
处的结论也较为一致。张运林 等(2004b)研究发现,光强和初级
生产力都是随深度的增加而递减,但光强的垂直分布与初级生产
力垂直分布略有差异。首先,两者下降速度不同(见图 3-17、图
3-18),光强的下降速度比初级生产力下降速度要快得多,光强随
深度呈指数递减。其次,最大光强必然出现在水表面,而初级生产
力最大值在晴天常不出现在表层,而出现在水下某一水层,在太湖
这一水层大概在 20～50 cm 处(杨顶田 等,2002)。表层光强太
强,光合作用受到抑制(见图 3-17～图 3-19),致使初级生产力较
低,但在阴天初级生产力最大值常常出现在表层(张运林 等,
2004b)。

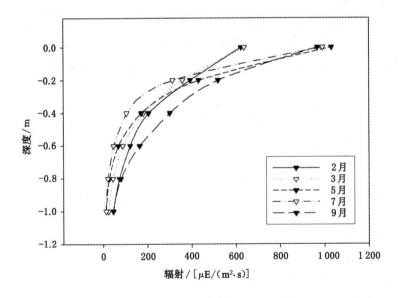

图 3-18　太湖栈桥采样点浮游植物初级生产力实验过程中
辐射的垂直分布

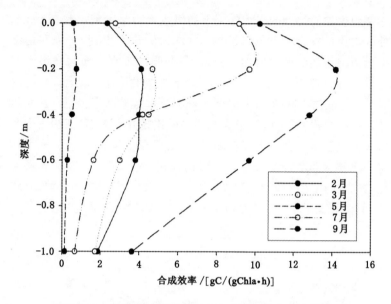

图 3-19　太湖栈桥附近初级生产力有机碳的合成效率

除了光照之外,水温在浮游植物初级生产力日变化中也起着重要的作用。在温度 10 ℃以上时,浮游植物便开始生长。随着温度的升高,其生长速度增长加快。浮游植物生长的最适范围是在 20 ℃左右,因为在这个温度下,浮游植物体内的酶的活性最高。一般来讲,在一定的范围内,温度每升高 10 ℃,酶的活性提高 2～4 倍。在 10～25 ℃之间,叶绿素 a 含量随着温度的升高而升高;当高出这个范围后随着温度的升高,叶绿素 a 含量反而下降。对于太湖的测定,单位叶绿素 a 的日总生产力在 24 ℃附近有最大值,因为认为 25 ℃条件是太湖梅梁湾初级生产力的适宜温度(张立 等,2004)。据张运林 等(2004b)的研究,在 10～30 ℃之间初级生产力基本上随温度的上升而增加。从图 3-17 以及太湖栈桥附近初级生产力过程中的水温可以得出,温度升高,初级生产力也有所上升。

### 3.5.3　营养盐对有机碳生产的影响

　　水体中的浮游植物生长需要很多营养元素,其中,氮、磷是浮游植物生长所必需的重要的营养元素。由于初级生产力的测定都在栈桥附近进行,光照和温度等环境因子的变化是相近的,初级生产力的差异主要体现在不同点位浮游植物生物量和营养盐浓度上。由图 3-20 可知,栈桥的总初级生产量与总生物量有着一定的相关性。春、夏、秋季的浮游植物生物量较高,其中夏季最高,而其初级生产量却不是太高。平均净初级生产量与叶绿素 a 的比值(Mean NP/Chla)以及平均总初级生产量与叶绿素 a 的比值(Mean GP/Chla)表征的是浮游植物产生有机碳的效率。从图 3-20 中可以看出,5 月和 7 月总生物量最高,而浮游植物产生有机碳的效率则是 6 月、8 月和 12 月较高,这表明,浮游植物产生有机碳的效率不仅与浮游植物生物量有关,还有其他因素在起作用,由此可以推断,氮、磷等营养盐可能是限制浮游植物生长的主要因子。由于浮游植物代谢中所需的 N/P 为 7.2,因而一般认为高于此值,磷为限制因子,低于此值,氮为限制因子。在太湖以前进行的类似的研究表明,磷为限制因子(高光 等,2000;杨顶田 等,2003)。从此次研究来看,全年 N/P 变幅为 6.89~68.63,均值为29.34,从 N/P 来看还是磷为限制因子。但另据报道(高锡云 等,1998),氮的浓度在 0.26~1.3 mg/L 时藻类的生长繁殖受到限制,磷的浓度在 0.018~0.098 mg/L 时也将成为藻类生长的限制因子,而研究中的氮、磷浓度总体较高,只有极少数的样点的氮、磷浓度低于这个范围。关于太湖营养盐对初级生产力的研究很多,但是之前的研究区域都集中于太湖梅梁湾(张运林 等,2004a;杨顶田 等,2002)。而其研究结果都表明,由于梅梁湾的氮、磷营养盐浓度很高,氮、磷浓度对浮游植物生长并不起限制作用。从

图 3-8～图 3-11 可以看出,太湖栈桥氮、磷的浓度都相对较高,都超出了限制浮游植物生长的范围,因此可以推断,在太湖氮、磷营养浓度不是限制因子。

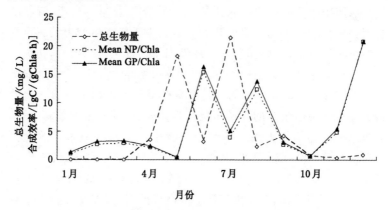

图 3-20　栈桥总生物量与总初级生产量的相互关系
Mean NP/Chla——平均净初级生产量与叶绿素 a 的比值;
Mean GP/Chla——平均总初级生产量与叶绿素 a 的比值

# 3.6　小　　结

　　2007 年对太湖站栈桥附近进行了每月一次、为期一年的初级生产力研究,以及太湖几个典型湖区的初级生产力测定,分析了浮游植物初级生产力的时空分布特征及其与环境因子的关系,分析了太湖浮游植物产生有机碳的效率。本研究主要得到以下结果:

　　(1)浮游植物初级生产力存在着明显的季节变化和空间差异,初级生产力的时空分布与叶绿素 a 的时空分布较为一致,栈桥总生产量和呼吸量在 4～9 月较高,而在 10 月至次年 3 月较低,太湖四个典型湖区每季度的初级生产力,8 月和 11 月的总生产量和呼吸量较高,而 2 月和 5 月相对较低。空间上位于污染严重区域的样点叶绿素 a 含量和初级生产力较高,水草区的叶绿素 a 含量和初级生产力较低。

（2）光照显著地影响初级生产力的日变化,春、夏季强光作用下表面光抑制现象比较明显。在春、夏、秋季光照较强时,初级生产力最大值出现在水下 20～50 cm 处。10～30 ℃之间初级生产力随温度的上升而增加。

（3）由于太湖中的营养盐浓度较高,因此其中的氮、磷营养盐对浮游植物生长不起限制作用。

（4）对于培养的藻类来说,在本实验条件下,由于培养基中的营养盐浓度较高,足够其中的浮游植物生长所利用,光照越强,温度越高,初级生产力越高,与培养溶液中的浮游植物生物量关系不大。而叶绿素对有机碳的合成效率,对于浮游植物生物量高的培养溶液来说,辐射对叶绿素的合成效率影响较大;而相对于浮游植物生物量低的培养溶液来说,虽然辐射够强,但是由于室外温度较低,叶绿素对有机碳的合成效率也低。

# CHAPTER 4

## 太湖浮游植物优势种类
## 有机碳生产的初步实验

## 4.1 引 言

### 4.1.1 意 义

　　浮游植物是水生态系统有机质的主要生产者,作为浮游动物的基础饵料,乃是水生态系统食物网结构的基础环节,在水生态系统的物质循环与能量转换过程中起着重要作用。浮游植物是水生态系统的主要初级生产者,其通过光合作用将无机碳(主要是二氧化碳)合成为有机物,同时将太阳能转化为化学能储存,成为地球上生物的主要能量来源。浅水湖泊的有机碳来源包括水体内部浮游植物的光合作用和除此以外的任何其他来源(包括水生高等植物和陆生植物光合作用生产后传输而来的部分)。活体浮游植物

释放的主要是小分子的 DOC,细菌等微型异养生物能够很快利用
这部分小分子 DOC,使得浮游植物在水体生态系统的碳素物质传
输及能量流动过程中起主导作用。要研究水体有机碳的生态作用
就必须从浮游植物入手。湖泊中有机碳的产生主要靠优势浮游植
物对有机碳的产生。水生态系统中的浮游植物种类丰富,但是对
水生态系统的有机碳生产有重要贡献的主要是其中的优势浮游植
物。因此,优势浮游植物的研究对于水生态系统的有机碳生产尤
为重要。

## 4.1.2  国内外研究进展

目前,国内对水体生态系统中浮游植物的调查已经非常广泛,
包括沿海区域、湖泊、河流、河口、港口、稻田生态系统、养殖池、南
水北调的水源区、北极地区的水体、海涂盐土围塘、韩国南汉河、松
花江哈尔滨江段、黑龙江省冷水水域等不同水体(姜作发 等,
2005;赵孟绪 等,2005;赵迪 等,1997;张智 等,2005;汪金平 等,
2006;冯晓宇 等,1995;陈碧鹃 等,2001;张乃群 等,2006;何剑锋
等,2005;况琪军 等,1999;白羽军 等,2003;陆九韶 等,2004)。在
这些水体中,硅藻、蓝藻和绿藻占多数,硅藻门中直链硅藻是优势
种,蓝藻门中微囊藻是优势种,绿藻门中栅藻是优势种。这与我们
对太湖的种类鉴别及其计数的结果类似。

国外,Thompson(1998)对 Salt Wedge 河口进行调查发现,春夏
季绿藻是其优势种,冬季硅藻是其优势种。Jouenne et al.(2007)对
英吉利海峡东部进行了调查,发现其中的浮游植物组成为 60%是硅
藻纲(例如硅藻属),19%是甲藻纲,12%是绿藻纲、双星藻纲、绿枝
藻纲(在此指绿藻)。Retamal et al.(2008)对 Mackenzie 河和
Beaufort 海岸进行了调查,发现河流中硅藻和绿藻是优势种,河口区
隐藻纲(Cryptophyceae)和葱绿藻纲(Prasinophyceae)是优势种。
Cadiee et al.(1991)对亚得里亚海的调查结果发现,1990 年浮游植物

优势种为硅藻,春季是小型硅藻占优势(*Sceletonema costatum*,*Plagiogramma brockmanni*,*Chaetoceros radians*)。硅藻的第二个高峰期为夏季,主要包括小细柱藻(*Leptocylindrus minimus*)(7月30日,最大观测值>15 000个细胞)。Karadzic et al.(2013)对位于塞尔维亚南巴纳特的低地河浮游植物种类组成和季节演替研究发现,2002年优势种为铜绿微囊藻(*Microcystis aeruginosa*)和水华束丝藻(*Aphanizomenon flos-aquae*),2008年拟柱孢藻(*Cylindrospermopsis raciborskii*)出现并成为优势种,占总浮游植物生物量的85%以上。阿根廷Paraguay河浮游植物群落结构显示,浮游植物的优势种为绿藻门的一些小型种类(*Chloromonas gracilis*,*Choricystis minor*,*Crucigenia quadrata*,*Scenedesmus ecornis*,*Monoraphidium contortum*,*M. minutum*)和隐藻门的一些种类(*Cryptomonas marssonii*,*C. ovata*,*Rhodomonas minuta*)(Yolanda Zalocar de Domitrovic,2002)。Koiṽ(2005)对Verevi湖的调查发现,Verevi湖中主要的浮游植物是绿藻和金藻,春季的优势种是硅藻(针杆藻)。Tsukada et al.(2006)对Yogo湖的调查研究显示,2000年5月至2002年5月的浮游植物优势种为蓝藻(束丝藻、项圈藻和微囊藻)和硅藻。束丝藻和项圈藻的暴发出现在夏初,之后被微囊藻取代。束丝藻一直存在,甚至能在冬季大量暴发。

### 4.1.3　太湖中浮游植物的优势种类

通过对2006年太湖中常规监测浮游植物的计数,并通过藻类体积大小以及数量换算得到生物量,我们通过分析得到以下结果:

6~11月,蓝藻为优势种,分别占67.2%、54.1%、64.8%、86.1%、66.0%、36.4%。微囊藻为优势种。

1~3月、8~9月,硅藻为次级优势种,分别占29.8%、29.3%、28.3%、28.6%、47.4%。直链硅藻为优势种。

4～6月,绿藻为次级优势种,分别占61.2%、69.5%、22.3%。细丝藻和栅藻为优势种。

从图4-1可以看出,蓝藻、绿藻和硅藻在浮游植物总生物量中占有很大比例。

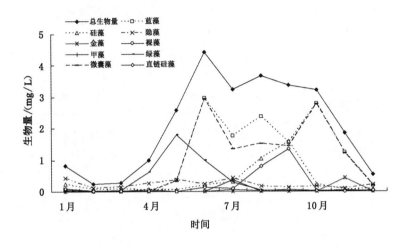

图 4-1  2006年太湖各类浮游植物生物量与总生物量

# 4.2 实验设计

对于细胞内外有机碳的含量分析,本研究采用室内模拟的方法,来揭示太湖中优势浮游植物有机碳的产生情况及其在生长过程中各种生态因子对其的影响。实验的总体设计如图4-2所示。本实验通过分离与培养直链硅藻,培养微囊藻和栅藻,分析浮游植物细胞内外有机碳的含量变化,分析培养基可溶性营养盐含量变化,测定浮游植物细胞数、叶绿素a含量,测定浮游植物初级生产力及呼吸量变化,来研究太湖优势浮游植物的有机碳产生情况。

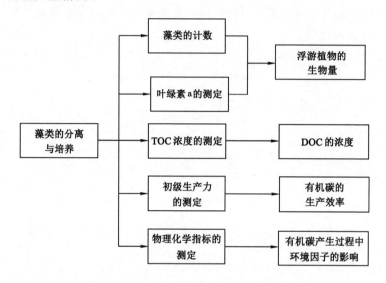

图 4-2　太湖优势浮游植物的有机碳产生情况实验设计

# 4.3　材料与方法

## 4.3.1　直链硅藻的分离及培养过程

### 4.3.1.1　采样和预备培养

　　首先要采集有需要分离藻类的水样,采回后在显微镜下检查。如发现需要分离的藻类数量较多时,可立即分离。若数量很少,最好先进行预备培养,待其增多后再分离。

#### 4.3.1.2 分离方法

分离方法有很多种,但是基于直链硅藻的特点,可以利用以下两种方法。

(1) 微吸管(毛细管)分离

选直径较细(约 5 mm)的玻管,在火焰上加热,待快熔时,快速拉成口径极细的微吸管。将稀释适度的藻液水样,置浅凹载玻片上,镜检。用微吸管挑选要分离的藻体,认真仔细地吸出,放入另一浅凹载玻片上,镜检这一滴水中是否达到纯分离的目的。如不成功,应反复几次,直至达到分离目的为止。然后移入经灭菌的培养液中培养,一般在每个培养皿中接 20～30 个个体。从分离出少量细胞扩大培养到 200 mL 的培养量,如硅藻一般需 20 d 以上。为了较长时期保存藻种,可将分离到的藻种用青霉素(1 000～5 000)单位或链霉素($20 \times 10^{-6}$)处理后,获得较纯藻种。此法操作技术要求高,要细心。往往吸取一个细胞,要反复几次才能成功。

(2) 水滴分离法

用微吸管吸取稀释适度藻液,滴到消毒过载片上,水滴尽可能滴小些,要求在低倍镜视野中能看到水滴全部或大部分。一个载片上滴 2～4 滴,间隔一定距离,作直线排列。如一滴水中只有几个所需同种藻类个体,无其他生物混杂,即用吸管吸取培养液,把这滴水冲入装有培养液并经灭菌试管或小三角瓶中。如未成功,需反复重做,直至达到目的。

#### 4.3.1.3 藻种的培养

获得单种培养后,一方面扩大培养,另一方面可把藻种作较长时间保存,需要时随时取出使用。藻种培养要求比较严格,培养容器可用各种不同大小的三角烧瓶,容量有 100 mL、300 mL、500 mL、1 000 mL,适于逐渐扩大培养。培养容器和工具需经煮沸灭菌或使用化学药品灭菌后,用煮沸水冲洗,培养液用加热灭菌法灭菌。接种后瓶口用灭菌纸包扎,放在适宜光、温条件下培养,每天轻轻摇动两次。大约两周后进行一次移植。藻种在培养过程中必须定期用显微镜检查,保持不受其他生物污染。

#### 4.3.1.4 培养液和培养基的配方

将分离后的直链硅藻,采用水生硅藻 1 号(BG-11)培养基进行培养,培养条件为温度 23 ℃,光照 10 $\mu$E/($m^2 \cdot$ s)。BG-11 培养基配方如表 4-1 所列。

**表 4-1**　　　　　　　　　　**BG-11 培养基配方**

| 成分 | 浓度/(g/L) | 微量元素液 A5 | 浓度/(g/L) |
|---|---|---|---|
| $NaNO_3$ | 1.5 | $H_3BO_3$ | 2.86 |
| $K_2HPO_4$ | 0.04 | $MnCl_2 \cdot 4H_2O$ | 1.81 |
| $MgSO_4$ | 0.075 | $ZnSO_4 \cdot 7H_2O$ | 0.222 |
| $CaCl_2 \cdot 2H_2O$ | 0.036 | $Na_2MoO_4 \cdot 2H_2O$ | 0.39 |
| 柠檬酸 | 0.006 | $CuSO_4 \cdot 5H_2O$ | 0.079 |
| 柠檬酸铁 | 0.006 | $Co(NO_3)_2 \cdot 6H_2O$ | 0.049 |
| $Na_2$-EDTA | 0.001 | | |
| $Na_2CO_3$ | 0.02 | | |
| A5 液 | 1 mL/L | | |

用 BG-11 加入 0.1 g 硅酸钠和 1 滴土壤浸出液培养直链硅藻的效果比较好(谭啸,未发表的资料)。

## 4.3.2 栅藻的培养过程

本实验所用的栅藻藻种为太湖中分离并培养起来的栅藻。

#### 4.3.2.1 藻种的培养

获得单种培养后,一方面扩大培养,另一方面可把藻种作较长时间保存,需要时随时取出使用。藻种培养要求比较严格,培养容器可用各种不同大小的三角烧瓶,容量有 100 mL、300 mL、500 mL、1 000 mL,适于逐渐扩大培养。培养容器和工具需经煮沸灭菌或使用化学药品灭菌后,用煮沸水冲洗,培养液用加热灭菌法灭菌。接种后瓶口用灭菌纸包扎,放在适宜光、温条件下培养,每天轻轻摇动两次。大约两周后进行一次移植。藻种在培养过程中必须定期用显微镜检查,保持不受其他生物污染。

#### 4.3.2.2　培养液和培养基的配方

本实验采用 BG-11 来培养栅藻,配方见表 4-1。

### 4.3.3　微囊藻的培养过程

#### 4.3.3.1　藻种的分离

用 25 号浮游生物网(孔径 63 $\mu$m)在太湖中捞取野生微囊藻,置于烧杯中静置,取上浮部分用蒸馏水清洗后再静置,取上浮部分清洗,如此重复三次,用 120 $\mu$m 滤网过滤去除较大群体,30 $\mu$m 滤网去除较小群体和单细胞,将群体大小介于 120～30 $\mu$m 之间的微囊藻在显微镜下挑取群体完整的水华微囊藻作为室内培养的原始藻种(陈宇炜 等,1999)。

#### 4.3.3.2　藻种的培养

获得单种培养后,一方面扩大培养,另一方面可把藻种作较长时间保存,需要时随时取出使用。藻种培养要求比较严格,培养容器可用各种不同大小的三角烧瓶,容量有 100 mL、300 mL、500 mL、1 000 mL,适于逐渐扩大培养。培养容器和工具需经煮沸灭菌或使用化学药品灭菌后,用煮沸水冲洗,培养液用加热灭菌法灭菌。接种后瓶口用灭菌纸包扎,放在适宜光、温条件下培养,每天轻轻摇动两次。大约两周后进行一次移植。藻种在培养过程中必须定期用显微镜检查,保持不受其他生物污染。

#### 4.3.3.3　培养液和培养基的配方

本实验采用 BG-11 来培养微囊藻,配方见表 4-1。

# 4.4 结　果

## 4.4.1　直链硅藻培养的结果

将分离后的直链硅藻,采用水生硅藻 1 号培养基进行培养,培养条件为温度 23 ℃,光照 10 $\mu$E/(m² · s),但是直链硅藻在该培养基中培养两周之后,镜检发现,直链硅藻只剩下空壳,具体原因目前还不清楚。

另外,将太湖中捞上来的所有藻,不经过分离,直接用水生硅藻 1 号培养基进行培养,培养条件为温度 23 ℃,光照 10 $\mu$E/(m² · s),24 d 之后发现,栅藻慢慢成为优势种;培养条件没变,31 d 之后,栅藻成为培养溶液中仅有的种属。而在栅藻培养后期,栅藻都慢慢变成单细胞。

## 4.4.2　栅藻培养的结果

### 4.4.2.1　栅藻的生长过程中生物量的变化

本实验所用的栅藻藻种为太湖中分离并培养起来的栅藻。从图 4-3 中可以看出,栅藻生物量随着培养时间而逐渐增加。栅藻生物量与培养时间有着显著的相关关系($p$<0.05)。

叶绿素 a 的浓度可以用来表征浮游植物细胞内部有机碳的情况。从图 4-4 中可以看出,栅藻培养过程中的叶绿素 a 浓度随着时间而逐渐增加($p$<0.05),这表明栅藻细胞内部的有机碳也随着栅藻的生长而逐渐增加。

### 4.4.2.2　栅藻生长过程中营养盐的变化

在栅藻生长过程中,总氮浓度的变化不明显,但是总磷浓度的变化却较明显($p$<0.05)(见图 4-5),随着栅藻的生长,培养基中的总磷浓度逐渐降低。总氮的浓度变化不明显,可能是由于所用

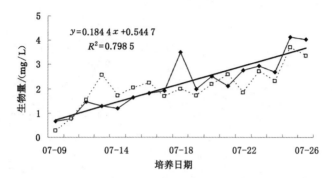

图 4-3　2007 年 7 月栅藻生长过程中的生物量变化

◆,□——栅藻组别

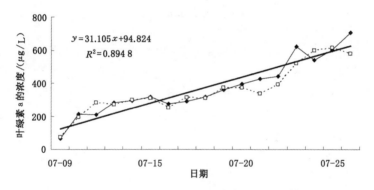

图 4-4　2007 年 7 月栅藻培养过程中叶绿素 a 浓度的变化

◆,□——栅藻组别

培养基中,总氮的浓度太高,藻类利用的氮浓度与培养基中原始总氮浓度相比太少。

4.4.2.3　栅藻生长过程中光照和温度的变化情况

　　浮游植物生长是一个多因素综合作用的过程,影响因子主要可分为营养因子和生态因子。对绝大多数水体而言,限制藻类生长的营养因子主要是氮和磷,有时 $CO_2$ 也会成为限制因素。生态

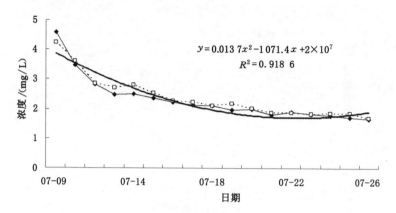

图 4-5　2007 年 7 月栅藻培养过程中培养基中 TP 浓度的变化

◆,□──栅藻组别

因子是藻类生长的外因,主要包括光照、温度、pH 值、溶解氧、水的活度、氧化还原电位、其他生物等。而对于利用培养基来培养的浮游植物来说,营养因子就不会影响其生长,对其起作用的则是生态因子,主要是光照和温度。栅藻生长过程中的光照和温度变化情况如图 4-6 和图 4-7 所示。

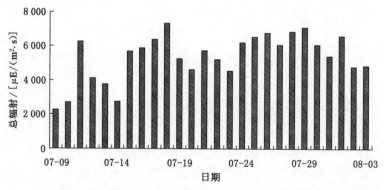

图 4-6　2007 年 7 月栅藻培养过程中的每日总辐射变化

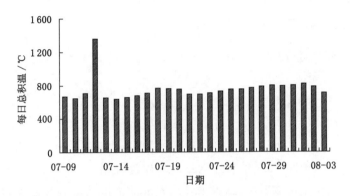

图 4-7　2007 年 7 月栅藻培养过程中的每日总积温变化

　　浮游植物光合作用的强度因光照强度的变化而变化,在一定范围内照度增加,光合作用的速度加快,但超出一定限度(饱和照度),光照增加而光合速度不再增加,甚至反而减弱而至于停止。另有研究表明,浮游植物的光合作用反应与光的变化有关。光合作用产物转化为大分子粒级(脂质、多糖和蛋白质),例如浮游植物生物量和初级生产量,表明了它具有很强烈的时空变化。如果生长过程中,光照弱,那么固定的碳就更容易转变为小分子的代谢物。在浮游植物暴发的初期,光合作用产生的碳转化为蛋白质的较多,但不是全部都转变,这个比例几乎不变。但是,当碳和能量生产的条件超过了转化为蛋白质的最佳条件时,光合作用产生的碳转化为存储产物的概率变大,例如脂质和多糖。这些模式可以用环境条件和浮游植物的种类的时空变化来解释。一般来说,每天的变化比浮游植物每天的生理反应周期更重要。本研究的结果表明,浮游植物光合作用和碳的新陈代谢同时受到生物因素和非生物因素的作用,尽管短期的光照波动对 Urdaibai 河口浮游植物的生理状态有着一个主要的影响(Iosu Madariaga,2002)。

### 4.4.3 微囊藻的培养结果

本实验所用的微囊藻藻种为太湖中分离并培养起来的微囊藻。

#### 4.4.3.1 微囊藻生长过程中生物量的变化

图 4-8 为 2007 年 7 月微囊藻培养过程中 A、B 组藻类生物量变化。从图中可以看出,随着时间的增加,微囊藻的生物量逐渐增加。图 4-9 为 2007 年 7 月微囊藻培养过程中叶绿素 a 的浓度变化。从图中可以看出,细胞内叶绿素 a 的浓度随着时间而逐渐增加($p < 0.05$),这表明细胞内的有机碳也逐渐增加。

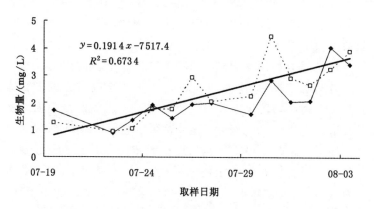

$$y = 0.1914x - 7517.4$$
$$R^2 = 0.6734$$

图 4-8　2007 年 7 月微囊藻培养过程中的生物量变化

◆,□——微囊藻组别

#### 4.4.3.2 微囊藻生长过程中营养盐的变化

如图 4-10 所示,微囊藻在生长过程中,培养基中总磷浓度随着培养时间的增加而逐渐降低,并且总磷浓度与培养时间有着显著的相关关系($p < 0.05$)。

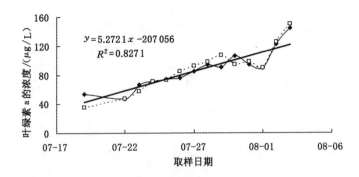

图 4-9  2007 年 7 月微囊藻培养过程中的叶绿素 a 浓度变化

◆.□——微囊藻组别

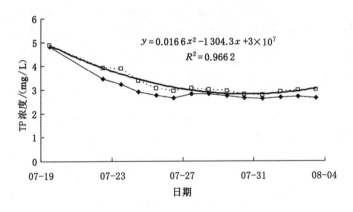

图 4-10  2007 年 7 月微囊藻培养过程中的 TP 浓度变化

◆.□——微囊藻组别

### 4.4.3.3  微囊藻生长过程中光照和温度的变化

微囊藻的培养是从 2007 年 7 月 19 日至 8 月 3 日,光照和温度的数据见上。

# 4.5 讨 论

## 4.5.1 直链硅藻的生长过程

直链硅藻分离之后,采用水生硅藻 1 号培养基进行培养,但直链硅藻在该培养基中培养两周之后,镜检发现,直链硅藻只剩下空壳,具体原因尚不清楚。

## 4.5.2 栅藻的生长过程

目前,大多数的研究都表明水生态系统中溶解态有机碳主要来源于浮游植物的释放(Ittekkot et al.,1981;Biddanda et al.,1997;Meon et al.,2001)。有资料显示,在浮游植物的指数增长到稳定期的转变过程中,或者是在营养充足到营养衰竭的转变过程中,浮游植物释放大量可溶性有机碳(Ittekkot et al.,1981;Biddanda et al.,1997;Meon et al.,2001;Myklestad,1993;Williams,1995)。图 4-11 是栅藻培养过程中培养基中 DOC 浓度的变化,从图 4-11 中可以看出,随着栅藻的生长($p<0.05$),培养基中 DOC 的浓度也逐渐升高。由于培养溶液中没有浮游动物,这样就排除了浮游动物捕食浮游植物,并将排泄物排到培养溶液中的可能性,而一般认为,细菌利用的碳主要是浮游植物产生的有机物(Chen et al.,1996),因此,我们可以推断,栅藻在生长过程中释放出一定量的有机碳到周围的环境中。

## 4.5.3 微囊藻的生长过程

同样的,微囊藻在生长过程中也释放出一定量的有机碳。从图 4-12 中可以看出,微囊藻在生长过程中释放到周围培养基中的有机碳随着生长时间而逐渐增加,其培养基中有机碳的浓度与培养时间有着显著的相关性($p<0.05$)。

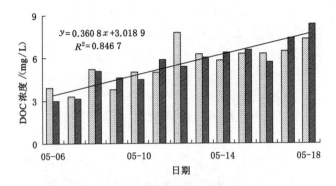

图 4-11　2007 年 5 月栅藻培养过程中 DOC 浓度变化

▨,▨——栅藻组别

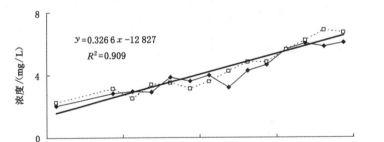

图 4-12　2007 年 7 月微囊藻培养基中的 DOC 浓度变化

◆,□——微囊藻组别

# 4.6 小结与展望

　　本研究对太湖中的优势浮游植物进行了分离和培养。本研究得到了以下结果:

（1）在浮游植物生长过程中，对于培养基来说，其中的营养盐是足够其生长时吸收利用的，因此，营养盐不是其限制因子，而气温和辐射等因素则会影响浮游植物的生长过程。

（2）浮游植物在生长过程中生产的有机碳除了增加自身的生物量之外，还会释放一定量的有机碳到周围的环境中。

虽然太湖中的浮游植物种类很多，但是太湖中的 DOC 主要是优势浮游植物产生的。本研究虽然验证了浮游植物在生长过程中除了增加自身的生物量之外，还会释放一定量的有机碳到周围的环境中，但是浮游植物在其生长过程中所释放的有机碳的种类却没有确定。另外，直链硅藻的分离与培养也没有成功，有待于进一步的研究。

# CHAPTER
# 5

# 太湖浮游植物群落结构变化

## 5.1 引 言

太湖位于江苏、浙江两省之间,该地区工业经济发达,对太湖的排污负荷也相当大。自 20 世纪 80 年代末开始,太湖频繁发生水华(陈宇炜 等,1998;吴静 等,1999),且呈日渐加重的趋势。2007 年 4 月底,太湖蓝藻大规模暴发,在西北部梅梁湾等积聚了大量蓝藻。根据太湖局对小湾里水厂、锡东水厂、贡湖水厂水源地的监测,5 月 6 日梅梁湾小湾里水厂水源地叶绿素 a 含量达到 259 $\mu$g/L,位于贡湖湾和梅梁湾交界的贡湖水厂达到 139 $\mu$g/L,贡湖湾锡东水厂水源地达到 53 $\mu$g/L,叶绿素 a 在太湖西北部湖湾全部超过 40 $\mu$g/L 的蓝藻暴发界定值。在我国的湖泊水华中,蓝藻的许多种属都是形成水华的优势种。陈宇炜 等(1998)利用 1991~1997 年太湖梅梁湾的定点藻类种类和生物量动态监测资料并数次连续布点进行藻类采样研究,初步探明太湖的水华藻类中蓝藻为最优势门类,其生物量占 39%,其中微囊藻属(*Microcystis*)为优势种,占蓝藻总数量的90%以上。

水生态系统中的有机碳的来源有外源有机碳和内源有机碳。外源有机碳主要是由陆地生态系统生产并通过不同途径传输到水体中。内源有机碳主要是由浮游植物生长过程中释放到环境中。太湖是一个大型的浅水湖泊,富营养化严重,蓝藻水华频繁暴发,因此有必要研究其中有机碳的分布特征,以及蓝藻水华对太湖中有机碳的影响。

## 5.2　研究方法

### 5.2.1　采样范围和频度

太湖是我国第三大淡水湖泊,面积 2 338 km²,平均水深 1.9 m(Chen et al.,1997)。本研究利用的是太湖湖泊生态系统研究站栈桥附近的浮游植物数据(图 2-1 中样点 5)。

### 5.2.2　测试方法

浮游植物生物量的分析:采水样 1 L,用鲁哥氏液固定,静置24 h 以上,浓缩至 30 mL。取 0.1 mL 进行镜检,根据《淡水浮游生物研究方法》(章宗涉 等,1991)进行分类鉴别并计数,计算出浮游植物数量,再根据藻类细胞体积的大小换算生物量,1 mm³ 细胞体积=1 mg 生物量(湿重)。

### 5.2.3　分析方法

数据统计与分析采用 SPSS 17.0 软件。

# 5.3 研究结果

## 5.3.1 太湖浮游植物总生物量的变化

从图 5-1 可以看出,太湖浮游植物 2006 年总生物量总体较高,特别是 5～8 月及 10 月,远高于 2007 年和 2017 年。2007 年与 2017 年的浮游植物总生物量比较而言,2017 年的 3～4 月及 10～12 月高于 2007 年,而其他季节相差不大。

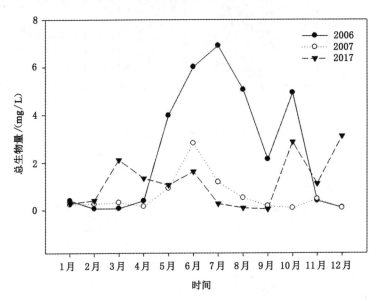

图 5-1　不同年份的太湖浮游植物总生物量变化

## 5.3.2 太湖浮游植物群落结构的变化

从图 5-2 中可以看出,2006 年 1 月浮游植物的优势种为硅藻

门,2 月和 6～12 月浮游植物的优势种为蓝藻门,3 月浮游植物的
优势种为隐藻门,4 月和 5 月浮游植物的优势种为绿藻门。

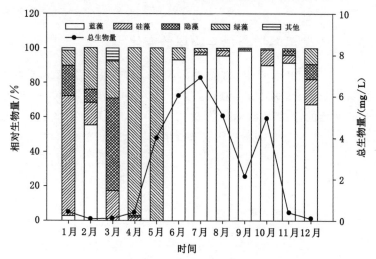

图 5-2  2006 年太湖浮游植物群落结构

从图 5-3 中可以看出,2007 年太湖浮游植物的群落结构与
2006 年差异较大,1 月和 2 月为硅藻门占优势,3～6 月为蓝藻门
占优势,8 月为硅藻和绿藻门占优势,9～12 月为隐藻门占优势。

从图 5-4 中可以看出,2017 年 1～3 月浮游植物中硅藻占优势
地位;4～12 月蓝藻门相对生物量均较高,其次为硅藻门和隐
藻门。

另外,太湖浮游植物优势种微囊藻和直链硅藻在 2006～2007
年与 2017 年的相对生物量也有较大差异,如图 5-5 所示。2006～
2007 年微囊藻为绝对优势种,2006 年的平均相对生物量为 54%
左右,2007 年为 31%。特别是 2006 年 6 月至 2006 年 11 月,微囊
藻相对生物量达到 67.10%～98.75%,以及 2007 年 3 月至 2007
年 6 月微囊藻相对生物量达到 51.98%～93.28%。2017 年微囊藻

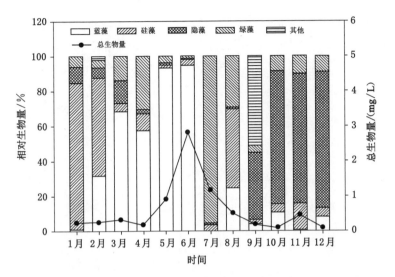

图 5-3　2007 年太湖浮游植物群落结构

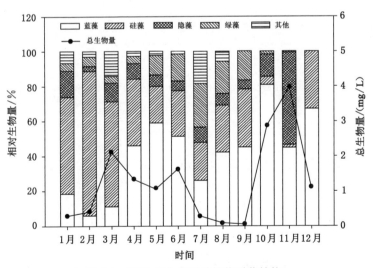

图 5-4　2017 年太湖浮游植物群落结构

的平均相对生物量为 29％。相对来说，直链硅藻的优势度较十年之前远远增大，2006 年和 2007 年直链硅藻的相对生物量占总生物量的 5％左右，而 2017 年相对生物量占总生物量的 26％左右。

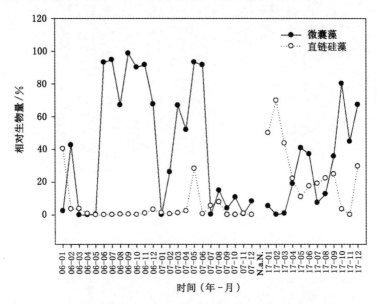

图 5-5　太湖浮游植物优势种微囊藻和直链硅藻的十年之间的变化

### 5.3.3　太湖浮游植物功能群分析

依据 Reynolds et al.(2002)和 Padisak et al.(2009)提出的功能群分类法，太湖浮游植物隶属于 17 个功能群，包括 M、H1、S1、$T_c$、X2、P、C、MP、D、W1、Lo、$L_M$、J、T、G、F 和 X1，如表 5-1 所列。其中，2006～2007 年的功能群为 M＋H1＋S1＋X2＋P＋C＋MP＋D＋W1＋$L_M$＋J＋T，2017 年的功能群为 M＋H1＋S1＋$T_c$＋X2＋P＋C＋MP＋W1＋Lo＋$L_M$＋J＋G＋F＋X1。不同年份共同具有的功能群为 M＋H1＋S1＋X2＋P＋C＋MP＋W1＋

$L_M+J$。2006～2007 年特殊的功能群为 D 功能群（适宜生境为河流在内的浑浊型浅水体）、T 功能群（适宜生境为持续混合层,光照为限制因子）；2017 年的特殊功能群为 X1 功能群（适宜生境为富营养型到高度富营养型浅水水体）、F 功能群（适宜生境为中或富营养型的、均匀的、清澈深水湖泊）、G 功能群（适宜生境为富营养型小型湖泊以及大型河流和贮水池等静止水域）、$T_C$ 功能群（适宜生境为富营养型静止水体,或藻类暴发的缓流型河流）。

**表 5-1    太湖不同年份浮游植物功能群分析**

| 种类 | 学名 | 功能群（适宜生境） | 2006～2007 年 | 2017 年 |
|---|---|---|---|---|
| 微囊藻 | *Microcystis* spp. | M（富营养型或高度富营养型小中型水体） | √ | √ |
| 铜绿微囊藻 | *Microcystis aeruginosa* | M | √ | √ |
| 水华微囊藻 | *M. flos-aquae* | M | √ | √ |
| 惠氏微囊藻 | *M. wesenbergii* | M | √ | √ |
| 鱼腥藻 | *Anabaena* spp. | H1（富营养型小型湖泊,有分层现象,氮含量低） | √ | |
| 水华鱼腥藻 | *Anabaena circinalis* | H1 | √ | √ |
| 卷曲鱼腥藻 | *Anabaena planctonica* | H1 | √ | |
| 束丝藻 | *Aphanizomenon* sp. | H1 | √ | |

| 种类 | 学名 | 功能群(适宜生境) | 2006～2007 年 | 2017 年 |
|---|---|---|---|---|
| 浮游蓝丝藻 | *Planktothrix* sp. | S1(均匀的浑浊水体,对光照敏感,藻种适于生活于暗环境) | √ | √ |
| 颤藻 | *Oscillatoria* spp. | Tc(富营养型静止水体,或藻类暴发的缓流型河流) | | √ |
| 卵形隐藻 | *Cryptomonas ovata* | X2(中营养型到高度营养型浅水水体) | √ | √ |
| 颗粒直链硅藻 | *Aulacoseira granulata* | P(栖息在 2～3 m 的连续或者半连续的水体混合层,水体营养指数较高) | √ | √ |
| 螺旋颗粒直硅藻 | *A. g. var. angustissima f. spiralis* | P | | √ |
| 直链藻窄变种 | *A. g. var. angustissima* | P | √ | |
| 小环藻 | *Cyclotella* spp. | C(富营养型的小中型湖泊,湖泊无分层现象) | √ | √ |
| 星杆藻 | *Asterionella* sp. | C | | √ |
| 脆杆藻 | *Fragilaria* spp. | MP(经常受到搅动的、无机的、浑浊的淡水湖泊) | √ | √ |
| 舟形藻 | *Navicula* spp. | MP | √ | √ |
| 双菱藻 | *Surirella* spp. | MP | | √ |
| 针杆藻 | *Synedra* spp. | D(河流在内的浑浊型浅水体) | √ | |

| 种类 | 学名 | 功能群（适宜生境） | 2006～2007 年 | 2017 年 |
|------|------|------------------|--------------|---------|
| 裸藻 | *Englena acus* | W1（从农田或污水中获得有机质的池塘或临时形成的水体） | | √ |
| 梭形裸藻 | *Englena acus* | W1 | | √ |
| 尖尾裸藻 | *E. oxyuris* | W1 | √ | √ |
| 多甲藻 | *Peridinium* sp. | Lo（寡营养型到富营养型、大中型深水或浅水湖） | | √ |
| 飞燕角甲藻 | *Ceratium hirundinella* | L$_M$（富营养化到超富营养化的中小型湖泊） | √ | √ |
| 栅藻 | '*Scendesmus* sp. | J（混合营养型的、高纯度的浅水水体） | | √ |
| 二角盘星藻 | *Pediastrum duplex* | J | √ | √ |
| 单角盘星藻 | *P. simplex* | J | √ | √ |
| 空星藻 | *Coelastrum* sp. | J | | √ |
| 细丝藻 | *Planctonema* sp. | T（持续混合层、光照为限制因子） | √ | |
| 空球藻 | *Eudorina* spp. | G（富营养型小型湖泊以及大型河流和贮水池等静止水域） | | √ |
| 实球藻 | *Pandorina* spp. | G | | √ |

| 种类 | 学名 | 功能群(适宜生境) | 2006～2007 年 | 2017 年 |
|------|------|------------------|--------------|---------|
| 集星藻 | *Actinastrum* spp. | G | | √ |
| 卵囊藻 | *Oocystis* sp. | F(中或富营养型的、均匀的、清澈深水湖泊) | | √ |
| 小球藻 | *Chlorella* spp. | X1(富营养型到高度富营养型浅水水体) | | √ |

# 5.4 讨 论

## 5.4.1 太湖优势种群的变化

表 5-2 汇总了 1960 年以来太湖浮游植物优势种群长期变化结果。在早期(1960～1988 年),浮游植物生物量的快速增长(1.175～6.45 mg/L)是这一阶段的特点。浮游植物优势种群从 1960 年的绿藻转变为 1981 年的硅藻直至 1988 年的蓝藻。其后,蓝藻一直是太湖浮游植物的优势种群(1988～1995 年),同时,生物量随年际变化而波动(2.05～6.45 mg/L)。1996 年和 1997 年,尽管总浮游植物生物量一直在增加,优势种类却发生了细微的变化,绿藻(细丝藻)和蓝藻(微囊藻)成为太湖共同的优势种类。1998 年由于微囊藻的大量暴发而使生物量达到最高(9.742 mg/L)。1998 年以后,蓝藻仍然是优势种类,生物量也在年际之间波动变化。王荐(2000)也发现 2000 年太湖蓝藻门全年均能发现,全湖性分布。湖面上 3 月底便可见少量条状水华,7、8 月达到高峰,湖水呈黏糊状,一直要延续到 11 月初。

据测定,优势种为铜绿微囊藻(*Microcystis aeruginosa*)、水华微囊藻(*M. flos-aquae*)和粉末微囊藻(*M. pulverea*),标志湖泊已呈富营养水平。高峰期间(7、8 月),数量高达 $8 \times 10^7$ cells/L 以上,10 月仍达 $1 \times 10^7$ cells/L 以上。1991~2002 年期间共检测出 74 种浮游植物,包括 4 个主要门类:蓝藻 16 种,硅藻 16 种,绿藻 28 种和鞭毛藻类 14 种。多种微囊藻(*Microcystis* spp.)不仅是蓝藻门类中的优势种类而且是整个浮游植物中的优势种类。除微囊藻之外,水华项圈藻(*Anabaena flos-aquae*)、颗粒直链硅藻(*Aulacoseira granulata*)、隐藻(*Cryptomonas* spp.)和多种绿藻,主要是栅藻(*Scendesmus*)和细丝藻(*Planctonema*)是各自门类中的优势种类。

表 5-2　太湖浮游植物优势种群和总生物量的长期变化

| 年份 | 浮游植物总生物量 /(mg/L) | 浮游植物优势种群(类) |
|---|---|---|
| 1960① | 1.175 | 绿藻 Green algae |
| 1981① | 2.995 | 硅藻 Diatoms |
| 1988① | 6.45 | 蓝藻 Cyanobacteria |
| 1991② | 2.05 | 蓝藻 Cyanobacteria (*Microcystis*) |
| 1992② | 3.25 | 蓝藻 Cyanobacteria (*Microcystis*) |
| 1993② | 3.838 | 蓝藻 Cyanobacteria (*Microcystis*) |
| 1994② | 3.389 | 蓝藻 Cyanobacteria (*Microcystis*) |
| 1995② | 4.11 | 蓝藻 Cyanobacteria (*Microcystis*) |
| 1996② | 5.904 | 蓝藻 Cyanobacteria (*Microcystis*) 绿藻 Green algae (*Planctonema*) |
| 1997② | 6.83 | 蓝藻 Cyanobacteria (*Microcystis*) 绿藻 Green algae (*Planctonema*) |

| 年份 | 浮游植物总生物量<br>/(mg/L) | 浮游植物优势种群(类) |
|------|------|------|
| 1998[②] | 9.742 | 蓝藻 Cyanobacteria (*Microcystis*) |
| 1999[②] | 3.244 | 蓝藻 Cyanobacteria (*Microcystis*) |
| 2000[②] | 3.625 | 蓝藻 Cyanobacteria (*Microcystis*) |
| 2001[②] | 7.386 | 蓝藻 Cyanobacteria (*Microcystis*) |
| 2002[②] | 3.794 | 蓝藻 Cyanobacteria (*Microcystis*) |
| 2006[②] | 2.539 | 蓝藻 Cyanobacteria (*Microcystis*)<br>绿藻 Green algae (*Planctonema*) |
| 2007[②] | 0.602 | 蓝藻 Cyanobacteria (*Microcystis*)<br>隐藻 Cryptophyta (*Cryptomonas*)<br>硅藻 Bacillariophyta (*Aulacoseira*)<br>绿藻 Green algae (*Planctonema*) |
| 2017[②] | 1.263 | 蓝藻 Cyanobacteria (*Microcystis*)<br>硅藻 Bacillariophyta (*Aulacoseira*) |

注:① 数据来自孙顺才和黄漪平(1993)。

② 数据来自钱奎梅等(2008)。

## 5.4.2 太湖浮游植物功能群的变化

2006~2007 年太湖的浮游植物功能群为 M＋H1＋S1＋X2＋P＋C＋MP＋D＋W1＋$L_M$＋J＋T,2017 年太湖的浮游植物功能群为 M＋H1＋S1＋$T_C$＋X2＋P＋C＋MP＋W1＋Lo＋$L_M$＋J＋G＋F＋X1。不同年份共同具有的功能群为 M＋H1＋S1＋X2＋P＋C＋MP＋W1＋$L_M$＋J。不同功能群所适宜的生境具有一定的差异。如 M 功能群的适宜生境为富营养型或高度富营养型小中型水体;H1 功能群的适宜生境为富营养型小型湖泊,有分层现象,氮含量低;S1 功能群的适宜生境为均匀的浑浊水体,对光照敏感,藻种适于生活于暗环境;X2 功能群的适宜生境为中营养型到高度营养型浅水水体;P 功能群的适宜生境为栖息在 2～3 m 的连续或者半连续的水体混合层,水体营养指数较高;C 功能群的适宜生境为富营养型的小中型湖泊,湖泊无分层现象;MP 功能群的适宜生境为经常受到搅动的、无机的、浑浊的淡水湖泊;W1 功能群的适宜生境为从农田或污水中获得有机质的池塘或临时形成的水体;Lo 功能群的适宜生境为寡营养型到富营养型、大中型深水或浅水湖;J 功能群的适宜生境为混合营养型的、高纯度的浅水水体。

2006～2007 年特殊的功能群为 D 功能群(适宜生境为河流在内的浑浊型浅水体)、T 功能群(适宜生境为持续混合层,光照为限制因子);2017 年的特殊功能群为 X1 功能群(适宜生境为富营养型到高度富营养型浅水水体)、F 功能群(适宜生境为中或富营养型的、均匀的、清澈深水湖泊)、G 功能群(适宜生境为富营养型小型湖泊以及大型河流和贮水池等静止水域)、$T_C$ 功能群(适宜生境为富营养型静止水体,或藻类暴发的缓流型河流)。

总体而言,太湖浮游植物优势种由微囊藻转变为微囊藻和直链硅藻,相关功能群还是栖息于富营养型的浅水湖泊中,表明太湖目前还是属于富营养化水体。

# 5.5 小　结

(1) 2006 年和 2007 年太湖浮游植物占优势的为蓝藻门和硅藻门,2017 年占优势的为蓝藻门、硅藻门、隐藻门和绿藻门,其优势种由微囊藻占绝对优势转变为微囊藻和直链硅藻的比例大体相当。

（2）太湖浮游植物隶属于 17 个功能群,包括 M、H1、S1、$T_C$、X2、P、C、MP、D、W1、Lo、$L_M$、J、T、G、F 和 X1。

（3）太湖浮游植物相关功能群表明太湖目前还是属于富营养化水体。

# CHAPTER
# 6

# 结论与展望

## 6.1 结 论

研究自然界中碳的循环规律是揭示地球环境因子变化的重要手段。一方面,碳在自然界的物质循环过程影响着地球气候与环境的变化,$CO_2$ 在大气中含量的变化是地球气候发生改变的关键;另一方面,碳是生命物质的最基本元素之一,生命活动是碳元素在自然界进行循环的最重要影响因素。

本书着重于大型浅水湖泊浮游植物有机碳的生态学研究,通过测定太湖浮游植物的光合与呼吸率和各大类群的生物量,计算了其有机碳的生产率和利用率,探讨了其生态作用并估算了有机碳的合成效率。用现场原位监测和室内模拟实验为主要研究方法,同时充分利用已有的太湖的监测数据和历史资料,对资料和实验结果进行了分析。本书的研究结果如下。

### 6.1.1 太湖可溶性有机碳的时空分布及其与浮游植物的关系

本研究分析了太湖有机碳的时空分布特征及其与环境因子的关系。通过研究发现,2003～2005 年,太湖 DOC 平均浓度逐年增高。2004 年 DOC 浓度的平均值比 2003 年有明显增加,2005 年 DOC 月平均浓度较 2004 年低。而 2006 年的 DOC 平均浓度与 2003 年接近。而 2007 年又有所上升,与 2005 年接近。太湖中 DOC 浓度与浮游植物生物量有一定关系,分析发现,太湖中叶绿素 a 与 DOC 浓度在长期(一年的周期)尺度的相关性显著,这说明 DOC 主要是太湖浮游植物产生并分泌到太湖中去的。虽然蓝藻是太湖中的优势种,但是短期内太湖中的 DOC 浓度与蓝藻生物量的相关关系不好,这可能是由于蓝藻的漂移性。另外,蓝藻只是太湖中夏秋季节的优势种,而不是全年的优势种。

### 6.1.2 太湖浮游植物群落的有机碳生产及其与环境因子的关系

2007 年对太湖生态系统研究站栈桥附近进行了每月一次、为期一年的初级生产力研究,以及太湖几个典型湖区的初级生产力测定,分析了浮游植物初级生产力的时空分布特征以及太湖浮游植物产生有机碳的效率及其与各种环境因子的关系。通过研究发现,太湖浮游植物初级生产力存在着明显的季节变化和空间差异,初级生产的时空芬布与叶绿素 a 的时空分布较为一致,栈桥总生产量和呼吸量在 4～9 月较高,而在 10 月至次年 3 月较低,太湖四个典型湖区每季度的初级生产力,8 月和 11 月的总生产量和呼吸量较高,而 2 月和 5 月相对较低。空间上位于污染严重地区的样点叶绿素 a 含量和初级生产力较高,水草区的叶绿素 a 含量和初级生产力较低。光照显著地影响初级生产力的日变化,春、夏季强光作用下表面光抑制现象比较明显。在春、夏、秋季光照较强时，初级生产力最大值出现在水下 20～50 cm 处。10～30 ℃之间初级生产力随温度的上升而增加。由于太湖中的营养盐浓度较高，对浮游植物生长不起限制作用。

### 6.1.3 太湖浮游植物优势种类的有机碳生产及其与环境因子的关系

本研究通过对太湖中优势浮游植物的分离和培养，分析了太湖优势浮游植物产生有机碳的效率及其与环境因子的关系。通过研究发现，利用 BG-11 培养基来培养栅藻和微囊藻对于栅藻和微囊藻的生长来说是适宜的。对于培养基来说，在浮游植物生长过程中，其中的营养盐是足够其生长时吸收利用的，因此，在其生长过程中，营养盐不是其限制因子，而气温和辐射等因素则会影响浮游植物的生长过程。浮游植物在生长过程中生产的有机碳除了增加自身的生物量之外，还会释放一定量的有机碳到周围的环境中。

### 6.1.4 太湖优势浮游植物的优势种变化

2006 年和 2007 年太湖浮游植物占优势的为蓝藻门和硅藻门，2017 年占优势的为蓝藻门、硅藻门、隐藻门和绿藻门，其优势种由微囊藻占绝对优势转变为微囊藻和直链硅藻的比例大体相当。太湖浮游植物相关功能群表明太湖目前还是属于富营养化水体。

# 6.2 展　望

本研究在国内外首先将海洋有机碳的生态作用研究方法引入大型浅水湖泊中，首先探讨大型浅水湖泊浮游植物有机碳的定量生产,能够为全球变化尤其是全球碳循环和温室效应的研究提供大型浅水湖泊碳素平衡的宝贵资料,填补世界上有关大型浅水湖泊有机碳研究的空白,完善水体生态系统碳素平衡的研究。

湖泊中有机碳的产生及其传输转换不但涉及湖泊水体内部的物理、化学、生物等自然过程,还涉及流域水文、生物、化学过程和流域土地覆盖、产业结构生产方式及社会发展水平等因素。就湖泊中有机碳的生态作用研究而言,其最终目标是为内陆水体碳循环服务,为富营养化的治理提供理论依据。

回顾本次研究工作,仍存在许多有待于提高之处。首先是对于太湖中优势浮游植物其中一种——直链硅藻的分离培养没有成功,可能是前期所用的培养基——水生硅藻 1 号不适于太湖中直链硅藻的培养,虽然后来换了另一种培养基,但是由于前期培养过程中直链硅藻已经死亡或生殖细胞已经没有繁殖能力了,最后直链硅藻也没有培养成功。另外,由于太湖中的浮游植物种类很多,但是对太湖中的 DOC 起作用的主要是优势浮游植物。本研究虽然验证了浮游植物在生长过程中除了增加自身的生物量之外,还会释放一定量的有机碳到周围的环境中,但是浮游植物在其生长过程中所释放的有机碳的种类和比例却没有确定,虽然国外对于此类研究有很多(Baines et al.,1991),其中的胞外释放率最低为 3.4%,最高为 41.4%,但是太湖是一个大型的以微囊藻大量暴发为特征的富营养化湖泊,有必要进行进一步的研究。

# 参 考 文 献

ALARCONHERRERA M T, BEWTRA J K, BISWAS N, 1994.Seasonal variations in humic substances and their reduction through watertreatment processes[J].Canadian Journal of Civil Engineering,21:173-179.

AMON R M W, BENNER R, 1996. Bacterial utilization of different size classes of dissolved organic matter[J]. Limnology and Oceanography,41:41-51.

ARVOLA L, KANKAALA P, TULONEN T, et al., 1996. Effects of phosphorus and allochthonous humic matter enrichment on the metabolic processes and community structure of plankton in a boreal lake (Lake Pääjärvi) [J].Canadian Journal of Fisheries and Aquatic Sciences,53:1646-1662.

BAINES S B, WEBSTER K E, KRATZ T K, et al., 2000. Synchronous behavior of temperature,calcium,and chlorophyll in lakes of northern[J].Wisconsin Ecology,81:815-825.

BAINES S B,PACE M L,1991.The production of dissolved organic matter by phytoplankton and its importance to bacteria: Patterns across marine and freshwater systems[J]. Limnology and Oceanography,36:1078-1090.

BATES N R,HANSELL D A,BRADLEY M S,et al.,2005. Seasonal and spatial distribution of particulate organic matter (POM) in the Chukchi and Beaufort Seas[J].Deep-Sea Research Ⅱ,52:3324-3343.

BENNER R,BIDDANDA B,BLACK B,et al.,1997.Abundance, size distribution,and stable carbon and nitrogen isotopic compositions of marine organic matter isolated by tangential-flow ultrafiltration[J]. Marine Chemistry,57:236-243.

BENNER R,PAKULSKI J D,MCCARTHY M,et al.,1992. Bulk chemical characteristics of dissolved organic matter in the ocean[J].Science,255:1561-1564.

BIDDANDA B, BENNER R, 1997. Carbon, Nitrogen, and Carbohydrate Fluxes:During the Production of Particulate and Dissolved Organic Matter by Marine Phytoplankton [J]. Limnology and Oceanography,42(3):506-518.

BOSCHKER H T S,BROUWER J F C DE,CAPPENBERG T E, 1999. The Contribution of Macrophyte-Derived Organic Matter to Microbial Biomass in Salt-Marsh Sediments:Stable Carbon Isotope Analysis of Microbial Biomarkers[J].Limnology and Oceanography,44(2):309-319.

BOSCHKER H T S,KROMKAMP J C,MIDDELBURG J J,2005.Biomarker and carbon isotopic constraints on bacterial and algal community structure and functioning in a turbid,tidal estuary[J].Limnology and Oceanography,50(1):70-80.

BRONK D A,GLIBERT P M,WARD B B,1994.Nitrogen uptake,dissolved organic nitrogen release,and new production [J].Science,265:1843-1846.

BUDGE S M,PARRISH C C,1998.Lipid biogeochemistry of

plankton, settling matter and sediments in Trinity Bay, Newfoundland: Ⅱ. Fatty acids [J]. Organic Geochemistry, 29: 1547-1559.

CADIEE G C, HEGEMAN J, 1991. Phytoplankton primary production, chlorophyll and species composition, organic carbon and turbidity in the marsdiep in 1990, compared with foregoing years[J]. Hydrobiologia, 25(1): 29-35.

CAI Q M, GAO X Y, CHEN Y W, et al., 1995. Dynamic variations of water quality in Taihu Lake and multivariate analysis of its influential factors[J]. Journal of Chinese Geography, 7: 97-106.

CEBRIAN J, 2002. Variability and control of carbon consumption, export, and accumulation in marine communities [J]. Limnology and Oceanography, 47(1): 11-22.

CHEN W H, WANGERSKY P J, 1996. Rates of microbial degradation of dissolved organic carbon from phytoplankton cultures[J]. Journal of Plankton Research, 18(9): 1521-1533.

CHEN Y W, FAN C X, KATRIN T, et al., 2003. Changes of nutrients and phytoplankton chlorophyll-a in a large shallow lake, Taihu, China: an 8-year investigation [J]. Hydrobiologia, 506: 273-279.

CHEN W, CHEN Y, GAO X, et al., 1997. Eutrophication of lake Taihu and its control [J]. Journal of Agricultural Engineering, 6: 109-120.

COLE J J, LIKENS G E, STRAYER D L, 1982. Photosynthetically produced dissolved organic carbon: An important carbon source for planktonic bacteria[J]. Limnology and Oceanography, 27: 1080-1090.

COLE J J, FINDLAY S, PACE M L, 1988. Bacterial production in fresh and saltwater ecosystems: a cross-system overview[J]. Marine

Ecology Progress Series,43:1-10.

DOKULIL M T, TEUBNER K, 2003. Eutrophication and restoration of shallow lakes - the concept of stable equilibria revisited[J].Hydrobiologia,506-509:29-35.

ELLIS J B, 1989. Urban discharges and receiving water quality impacts[C]//Proceedings of a Seminar organiced by the IAWPRC/IAHR Sub-Committee for Urban Runoff Quality Data,as Part of the IAWPRC 14th Biennial Conference.Brighton, U.K.:1-8.

ESHLEMAN K N, HEMOND H F,1985.The Role of Organic Acids in the Acid-Base Status of Surface Waters at Bickford Watershed,Massachusetts[J].Water Resources Research, 21(10): 1503-1510.

FINDLAY S, PACE M L, LINTS D, et al., 1991. Weak coupling of bacterial and algal production in a heterotrophic ecosystem: the Hudson River estuary [J]. Limnology and Oceanography,36:268-278.

FOGG G E,1983.The ecological significance of extracellular products of phytoplankton photosynthesis[J].Botanica Marina, 26:3-14.

FOGG G E,NALEWAJKO C,WATT W D,1965.Extracellular products of phytoplankton photosynthesis[C]//Proceedings of the Royal Society of London,162:517-534.

FORSBERG C,RYDING S O,1980.Eutrophication parameters and trophic state indices in 30 Swedish waste-receiving lakes[J].Arch. Hydrobiol.,89(1):189-207.

GIANI M,SAVELLI F,BERTO D, et al., 2005. Temporal dynamics of dissolved and particulate organic carbon in the northern Adriatic Sea in relation to the mucilage events[J]. Science of the Total Environment,353(1-3):126-138.

GIORGIO P A DEL, PETERS R H, 1994. Patterns in Planktonic P : R Ratios in Lakes:Influence of Lake Trophy and Dissolved Organic Carbon[J]. Limnology and Oceanography,39 (4):772-787.

GLIBERT P M,MAGNIEN R,LOMAS1 M W,et al.,2001. Harmful algal blooms in the Chesapeake and coastal bays of Maryland,USA:Comparison of 1997,1998,and 1999 events[J]. Estuaries,4:875-883.

GOÑI M A, YUNKER M B, MACDONALD R W, et al., 2005. The supply and preservation of ancient and modern components of organic carbon in the Canadian Beaufort Shelf of the Arctic Ocean[J].Marine Chemistry,93(1):53-73.

GRAF G,1992.Benthic-pelagic coupling:a benthic view[J]. Oceanography and Marine Biology: An Annual Review, 30: 140-190.

GRIESBACH S J,PETERS R H,1991.The effects of analytical variations on estimates of phosphorus concentration in surface waters [J].Lake and Reservoir Management,7(1):97-106.

HEDGES J I, 1992. Global biogeochemical cycles: progress and problems[J].Marine Chemistry,39:67-93.

HÉLÈNE C, SHELLEY K M, GERTRUD K N, 2009. Phosphorus sorption experiments and the potential for internal phosphorus loading in littoral areas of a stratified lake[J].Water Research,43(6):1654-1666.

HESSEN D O, 1992. Dissolved organic carbon in a humic lake: Effects on bacterial production and respiration [J].

Hydrobiologia,229:115-123.

HOBBIE J E,1992.Microbial control of dissolved organic carbon in lakes:Research for the future[J].Hydrobiologia,229(1):169-180.

HONJO S,1980.Material fluxes and models of sedimentation in the mesopelagic and bathypelagic zones [J].Journal of Marine Research,38:53-97.

HOPE D,BILLETT M F,CRESSER M S,1994.A review of the export of carbon in river water:Fluxes and processes[J].Environmental Pollution,84:301-324.

HU J F,PENG P A,JIA G D,et al.,2006.Distribution and sources of organic carbon, nitrogen and their isotopes in sediments of the subtropical Pearl River estuary and adjacent shelf,Southern China[J].Marine Chemistry,98(2-4):274-285.

HUANG W Y,WU Y G,SHU J H,1998.Hydrographical environmental problems and countermeasures of main lakes and reservoirs in China[J].Lake Science,10:83-90.

HWANG J,DRUFFEL E R M,BAUER J E,2006.Incorporation of aged dissolved organic carbon (DOC) by oceanic particulate organic carbon (POC):An experimental approach using natural carbon isotopes[J].Marine Chemistry,98:315-322.

ITTEKKOT V,BROCKMANN U,MICHAELIS W,et al.,1981.Dissolved free and combined carbohydrates during a phytoplankton bloom in the northern North Sea [J].Marine Ecology Progress Series,4:299-305.

JIN X,TU Q,1990.The Standard Methods for Observation and Analysis in Lake Eutrophication[M].2nd ed.Beijing:Chinese Environmental Science Press:240.

JOHNSON M D, WARD A K, 1997. Influence of phagotrophic protistan bacterivory in determining the fate of dissolved organic matter (DOM) in a wetland microbial food web [J]. Microbial Ecology,33:149-162.

JOHNSTONE I M,1981.Consumption of Leaves by Herbivores in Mixed Mangrove Stands[J].Biotropica,13(4):252-259.

JONSSON A, ALGESTEN G, BERGSTRÖM A-K, et al., 2007. Integrating aquatic carbon fluxes in a boreal catchment carbon budget[J].Journal of Hydrology,334(1-2):141-150.

JOUENNE F, LEFEBVRE S, VE'RON B, et al., 2007. Phytoplankton community structure and primary production in small intertidal estuarine-bay ecosystem (eastern English Channel,France) [J].Marine Biology,151(3):805-825.

KAMJUNKE N, BOHN C, GREY J, 2006. Utilisation of dissolved organic carbon from different sources by pelagic bacteria in an acidic mining lake[J].Archiv fur Hydrobiologie, 165(3):355-364.

KAPLAN L A,BOTT T L,1982.Diel fluctuations of DOC generated by algae in a piedmont stream [J]. Limnology and Oceanography,27(6):1091-1100.

KIM D, KIM D Y, PARK J S, et al., 2005. Interannual variation of particle fluxes in the eastern Bransfield Strait, Antarctica:A response to the sea ice distribution[J].Deep-Sea Research I ,52:2140-2155.

KOETSIER P,MCARTHUR J V,LEFF L G,1997.Spatial and temporal response of stream bacteria to sources of dissolved organic carbon in a blackwater stream[J].Freshwater Biology, 37:79-89.

LAWLOR A J, TIPPING E, 2003. Metals in bulk deposition and surface waters at two upland locations in Northern England [J].Environmental Pollution,121(2):153-168.

LORENZEN C J, 1967. Determination of chlorophyll and phaeopigments:Spectorphotometric equations[J].Limnology and Oceanography,12:343-346.

LUO L C, QIN B Q, HU W P, et al., 2004. Wave characteristics of Lake Taihu[J].Journal of Hydrodynamics,19 (5):664-670.

MADARIAGA I, 2002. Short-term variations in the physiological state of phytoplankton in a shallow temperate estuary [ J ]. Hydrobiologia,475/476:345-358.

MANN K H, LAZIER R N, 1991. Dynamics of the marine ecosystem:Biological and physical interactions in the ocean[M]. Oxford:Blackwell Scientific Publications:464.

MANNINO A, HARVEY H R, 1999. Lipid composition in particulate and dissolved organic matter in the Delaware Estuary: Sources and diagenetic patterns [J]. Geochimica et Cosmochimica Acta,63:2219-2235.

MCDOWELL W H, LIKENS G E, 1988. Origin, composition, and flux of dissolved organic carbon in the Hubbard Brook Valley[J]. Ecological Monographs,58:177-195.

MEON B, KIRCHMAN D L, 2001. Dynamics and molecular composition of dissolved organic material during experimental phytoplankton blooms[J].Marine Chemistry,75(3):185-199.

MEYER J L, MCDOWELL W H, BOTT T L, et al., 1988. Elemental dynamics in streams [ J ]. Journal of the North American Benthological Society,7:410-432.

MISHRA R K, SHAW B P, SAHU B K, et al., 2009. Seasonal

appearance of Chlorophyceae phytoplankton bloom by river discharge off Paradeep at Orissa Coast in the Bay of Bengal[J].Environmental Monitoring and Assessment,149(1-4):261-273.

MOORE T R,JACKSON R J,1989.Dynamics of dissolved organic carbon in forested and disturbed catchments,Westland, New Zealand[J].Water Resources Research,25:1331-1339.

MORAN M A,HODSON R E,1990.Bacterial Production on Humic and Nonhumic Components of Dissolved Organic Carbon [J].Limnology and Oceanography,35(8):1744-1756.

MYKLESTAD Å, 1993. The Distribution of Salix Species in Fennoscandia:A numerical analysis[J].Ecography,16(4):329-344.

NAKATA K,TOSHIMASA D,2006.Estimation of primary production in the ocean using a physical – biological coupled ocean carbon cycle model [J]. Environmental Modelling and Software,21(2):204-228.

OBERNOSTERER I, HERNDL G J, 1995. Phytoplankton extracellular release and bacterial-growth: Dependence on the inorganic N : P ratio[J].Marine Ecology Progress Series,116(1-3):247-257.

PACE M L,COLE J J,2002.Synchronous variation of dissolved organic carbon and color in lakes[J].Limnology and Oceanography,47 (2):333-342.

PASSOW U, ALLDREDGE A L, LOGAN B E, 1994. The role of particulate carbohydrate exudates in the flocculation of diatom blooms [J]. Deep Sea Research Part I : Oceanographic Research Papers,41(2):335-357.

PUGNETTI A, ARMENI M, CAMATTI E, et al., 2005. Imbalance between phytoplankton production and bacterial carbon demand in relation to mucilage formation in the Northern Adriatic Sea[J]. Science of the Total Environment, 353(1-3): 162-177.

QIN B Q, XU P Z, WU Q L, et al., 2007. Environmental issues of Lake Taihu, China[J]. Hydrobiologia, 581:3-14.

QIN B Q, ZHU G W, ZHANG L, et al., 2006. Estimation of internal nutrient release in large shallow Lake Taihu, China[J]. Science in China, Series D: Earth Sciences, 49:38-50.

REDFIELD A C, 1963. The influence of organisms on the composition of sea-water[J]. The Sea, 40(6):640-644.

REMBER R, TREFRY J, 2005. Sediment and organic carbon focusing in the Shelikof Strait, Alaska[J]. Marine Geology, 224: 83-101.

RETAMAL L, BONILLA S, VINCENT W F, 2008. Optical gradients and phytoplankton production in the Mackenzie River and the coastal Beaufort Sea[J]. Polar Biology, 31(3):363-379.

ROBARDS K, MCKELVIE I D, BENSON R L, et al., 1994. Determination of carbon, phosphorus, nitrogen and silicon species in waters[J]. Analytica Chimica Ácta., 287(3):147-190.

ROBARTS R D, ARTS M T, EVANS M S, et al., 1994. The coupling of heterotrophic bacterial and phytoplankton production in a hypertrophic, shallow prairie lake[J]. Canadian Journal of Fisheries and Aquatic Sciences, 51:2219-2226.

SARMIENTO J L, ORR J C, SIEGENTHALER U, 1992. A Perturbation Simulation of $CO_2$ Uptake in an Ocean General Circulation Model[J]. Journal of Geophysical Research, 97(3): 3621-3645.

SCHINDLER D W, 1971. Light, temperature and oxygen

regimes of selected lakes in the Experimental Lakes Area (ELA), Northwestern Ontario [J]. Journal of the Fisheries Research Board,Canada,28(2):157-169.

SCHNEIDER B, KAITALA S, MAUNULA P, 2006. Identification and quantification of plankton bloom events in the Baltic Sea by continuous $pCO_2$ and chlorophyll a measurements on a cargo ship[J].Journal of Marine Systems,59(3-4):238-248.

SEITZINGER S P, SANDERS R W, 1997. Contribution of dissolved organic nitrogen from rivers to estuarine eutrophication [J].Marine Ecology Progress Series,159:1-12.

SKOOG A, BENNER R, 1997. Aldoses in various size fractions of marine organic matter: Implications for carbon cycling[J].Limnology and Oceanography,42:1803-1813.

SMETACEK V S, 1985. Role of sinking in diatom life-history cycles:ecological,evolutionary and geological significance [J].Marine Chemistry,84(3):239-251.

SOMMER U,GLIWICZ Z M,LAMPERT W,et al.,1986. The PEG-model of seasonal succession of planktonic events in fresh lake[J].Hydrobiologia,106:433-471.

STEPANAUSKAS R,LEONARDSON L,TRANVIK L J, 1999.Bioavailability of wetland-derived DON to freshwater and marine bacterioplankton[J]. Limnology and Oceanography, 44: 1477-1485.

STEWART A J, WETZEL R G, 1981. Dissolved humic materials:photodegradation,sediment effects,and reactivity with phosphate and calcium carbonate precipitation [J]. Archiv fur Hydrobiologie,92(3):265-286.

SUN X J,QIN B Q,ZHU G W,et al.,2007.Effect of wind-induced wave on concentration of colloidal nutrient and phytoplankton in Lake Taihu [J]. Environmental Science, 28 (28):506-511.

TADA K, MONAKA K, MORISHITA M, et al., 1998. Standing stocks and production rates of phytoplankton and abundance of bacteria in the Seto Inland Sea, Japan[J]. Journal of Oceanography,54(4):285-295.

TAKAHITO Y, SHINGO U, TAMARA K, et al., 2002. Distribution of dissolved organic carbon in Lake Baikal and its watershed[J].Limnology,3:159-168.

TEIRA E, PAZÓ M J, SERRET P, et al., 2001. Dissolved organic carbon production by microbial populations in the Atlantic Ocean[J].Limnology and Oceanography,46:1370-1377.

THOMPSON P A, 1998. Spatial and Temporal Patterns of Factors Influencing Phytoplankton in a Salt Wedge Estuary, the Swan River, Western Australia[J].Estuaries,21(4B):801-817.

TOOMAS K, KERSTI K, 2005. Resource ratios and phytoplankton species composition in a strongly stratified lake [J].Hydrobiologia,547(1):123-135.

TRANVIK L J, 1992. Allochthonous dissolved organic matter as an energy source for pelagic bacteria and the concept of the microbial loop[J].Hydrobiologia,229:107-114.

TSUKADA H, TSUJIMURA S, NAKAHARA H, 2006. Seasonal succession of phytoplankton in Lake Yogo over 2 years: effect of artificial manipulation[J].Limnology,7(1):3-14.

VIZZINI S, MAZZOLA A, 2006. Sources and transfer of organic matter in food webs of a Mediterranean coastal environment: Evidence for spatial variability [J]. Estuarine,

Coastal and Shelf Science,66(3-4):459-467.

WANG X L,LU Y L, HE G Z, et al. , 2007. Multivariate Analysis of Interactions Between Phytoplankton Biomass and Environmental Variables in Taihu Lake,China[J].Environmental Monitoring Assessment,133(1-3):243-253.

WETZ M S, WHEELER P A, 2003. Production and partitioning of organic matter during simulated phytoplankton blooms[J].Limnology and Oceanography,48(5):1808-1817.

WETZEL R G, 1983. Organic carbon cycling and detritus [M]//WETZEL R G. Limnology. 3nd ed. Philadelphia: Saunders College Publishing:667-706.

WETZEL R G,1992.Gradient-dominant ecosystems:Sources and regulatory functions of dissolved organic matter in freshwater ecosystems[J].Hydrobiologia,229:181-198.

WETZEL R G, HATCHER P G, BIANCHI T S, 1995. Natural photolysis by ultraviolet irradiance of recalcitrant dissolved organic matter to simple substrate for rapid bacterial metabolism[J].Limnology and Oceanography,40:1369-1380.

WETZEL R G, 1995. Death, detritus, and energy flow in aquatic ecosystems[J].Freshwater Biology,33:83-89.

WETZEL R G,1992.Gradient-dominant ecosystems:Sources and regulatory functions of dissolved organic matter in freshwater ecosystems[J].Hydrobiologia,229:181-198.

WIEBINGA C J,BAAR H J W,1998.Determination of the distribution of dissolved organic carbon in the Indian sector of the Southern Ocean[J].Marine Chemistry,61:185-201.

WIEGNER T N, SEITZINGER S P, 2001. Photochemical and microbial degradation of external dissolved organic matter inputs to rivers[J].Aquatic Microbial Ecology,24:27-40.

WILLIAMS P J L,1995.Evidence for the seasonal accumulation of carbonrich dissolved organic material,its scale in comparison with changes in particulate material and the consequential effect on net C/N assimilation ratios[J].Marine Chemistry,51:17-29.

YOLANDA ZALOCAR DE DOMITROVIC,2002.Structure and variation of the Paraguay River phytoplankton in two periods of its hydrological cycle[J].Hydrobiologia,472(1-3):177-196.

YUAN X Y, CHEN J, TAO Y X, et al., 2002. Spatial characteristics and environmental implication of nitrogen and phosphorus from bottom sediments in northern Taihu Lake[J]. Geochimica,31:321-328.

YUKO S, AYA A, HIROO I, et al., 2005. Distribution of dissolved organic carbon and dissolved fulvic acid in mesotrophic Lake Biwa,Japan[J].Limnology,6:161-168.

ZAFARIOU O C,JOUSSOT-DUBIEN J,ZEPP R G,et al., 1984. Photochemistry of natural waters [J]. Environmental Science and Technology,18(12):358A-371A.

ZHU G W,GAO G, QIN B Q, et al., 2003. Geochemical characteristics of phosphorus in sediments of a large shallow lake [J].Advances in Water Science,14:714-719.

白羽军,杨翠英,李中宇,2003.松花江哈尔滨江段着生藻类群落的研究[J].黑龙江环境通报,27(2):73-74.

蔡启铭,高锡芸,陈宇炜,等,1995.太湖水质的动态变化及影响因子多元分析[J].湖泊科学,7(2):97-106.

陈碧鹃,陈聚法,崔毅,2001.莱州湾东部养殖区浮游植物的生态特征[J].海洋水产研究,22(3):64-70.

陈宇炜,高锡云,陈伟民,等,1999.太湖微囊藻的生长特征及其分离纯培养的初步研究[J].湖泊科学,11(4):351-356.

陈宇炜,高锡云,秦伯强,1998.西太湖北部夏季藻类种间关系的初步研究[J].湖泊科学,10(4):35-40.

范成新,张路,秦伯强,等,2003.风浪作用下太湖悬浮态颗粒物中磷的动态释放估算[J].中国科学(D辑),33(8):760-768.

冯晓宇,周玉竹,1995.白鲢仔稚鱼食性与生长的初步研究[J].湛江水产学院学报,15(2):25-31.

高光,高锡云,秦伯强,等,2000.太湖水体中碱性磷酸酶的作用阈值[J].湖泊科学,1(4):353-358.

高锡云,刘元波,陈宇炜,1998.梅梁湾及大太湖富营养化限制性营养盐研究[M]//蔡启铭.太湖环境生态研究(一).北京:气象出版社:50-54.

何剑锋,王桂忠,李少菁,等,2005.北极拉普捷夫海春季冰藻和浮游植物群落结构及生物量分析[J].极地研究,17(1):1-10.

胡月敏,李秋华,朱冲冲,等,2018.基于功能群对比分析黔中普定水库和桂家湖水库浮游植物群落结构特征[J].湖泊科学,30(2):403-416.

黄文钰,吴延根,舒金华,1998.中国主要湖泊水库的水环境问题与防治建议[J].湖泊科学,10:83-90.

黄祥飞,1999.湖泊生态调查观测与分析[M].北京:中国标准出版社.

姜作发,苏洁,唐富江,等,2005.勤得利湾浮游植物群落结构特征[J].水产学杂志,18(2):74-78.

金相灿,屠清瑛,1990.湖泊富营养化调查规范[M].北京:中国环境科学出版社.

孔繁翔,高光,2005.大型浅水富营养化湖泊中蓝藻水华形成机理的思考[J].生态学报,25(3):589-595.

况琪军,金凡澈,1999.韩国南汉河的浮游植物及营养水平

[J].长江流域资源与环境,8(2):221-226.

林昱,庄栋法,陈孝麟,等,1994.初析赤潮成因研究的围隔实验结果Ⅱ.浮游植物群落演替与甲藻赤潮[J].应用生态学报,5(3):314-318.

林泽新,2002.太湖流域水环境变化及缘由分析[J].湖泊科学,14(2):111-116.

刘建康,1999.高级水生生物学[M].北京:科学出版社:36-37,176-197.

刘宁,2004.对引江济太调水试验工程的初步认识和探讨[J].中国水利,2:36-38.

刘子琳,宁修仁,蔡昱明,1998.北部湾浮游植物粒径分级叶绿素 a 和初级生产力的分布特征[J].海洋学报,20(1):50-57.

陆九韶,夏重志,董崇智,2004.我国内陆冷水水域及其资源利用调查研究Ⅰ——黑龙江省冷水水域分布及其资源现状调查[J].水产学杂志,17(2):1-10.

陆潜秋,1995.无锡太湖水域的兰藻现状与分析[J].江南大学学报,10(2):61-65.

罗潋葱,秦伯强,胡维平,等,2004.太湖波动特征分析[J].水动力学研究与进展:A 辑,19(5):664-670.

水利部太湖流域管理局,江苏省水利厅,江苏省环境保护厅,2007.引江济太应急调水改善太湖水源地水质效果分析[J].中国水利,17:1-2.

孙军,刘东艳,柴心玉,2002.莱州湾及潍河口夏季浮游植物生物量和初级生产力的分布[J].海洋学报,24(5):81-90.

孙小静,秦伯强,朱广伟,等,2007.风浪对太湖水体中胶体态营养盐和浮游植物的影响[J].环境科学,28(3):506-511.

汤峰,钱益群,2001.巢湖水总有机碳(TOC)—高锰酸钾指数(COD$_{Mn}$)相关性研究[J].重庆环境科学,23(4):64-66.

陶贞,高全洲,姚冠荣,等,2004.增江流域河流颗粒有机碳的来源、含量变化及输出通量[J].环境科学学报,24(5):789-795.

汪金平,曹凑贵,金晖,等,2006.稻鸭共生对稻田水生生物群落的影响[J].中国农业科学,39(10):2001-2008.

王荐,2000.太湖浮游植物与富营养化[J].无锡教育学院学报,20(3):90-92.

王徐林,张民,殷进,2018.巢湖浮游藻类功能群的组成特性及其影响因素[J].湖泊科学,30(2):431-440.

王志红,崔福义,韦朝海,等,2006.局部湖区两种藻类藻生物量的综合因子预测模型[J].环境科学学报,26(6):1379-1385.

吴静,朱惠刚,1999.藻毒素与健康效应的研究进展[J].上海环境科学,18(7):331-334.

伍远康,陶永格,王红,2007."引江济太"工程对浙江的影响分析[J].浙江水利科技,154(6):13-18.

谢远云,何葵,康春国,等,2004.湖泊沉积物有机质碳同位素的气候意义——以江汉平原江陵剖面为例[J].哈尔滨师范大学自然科学学报,20(5):96-99.

阎喜武,何志辉,1997.虾池浮游植物初级生产力的研究[J].中国渔业,21(3):288-295.

杨顶田,陈伟民,陈宇炜,等,2002.太湖梅梁湾水体中初级生产力的光学检测[J].湖泊科学,14(4):363-368.

杨顶田,陈伟民,江晶,等,2003.藻类爆发对太湖梅梁湾水体中 NPK 含量的影响[J].应用生态学报,14(6):969-972.

杨顶田,陈伟民,2004.长江下游湖泊中可溶性有机碳的时空分布[J].环境污染与防治,26(4):275-278.

杨琼芳,2003.滇池细菌总数与有机碳、氮、磷的调查研究[J].云南环境科学,22:101-103.

姚书春,李世杰,2004.巢湖富营养化过程的沉积记录[J].沉积学报,22(2):343-347.

虞孝感,JOSEF NIPPER,燕乃玲,2007.从国际治湖经验探讨太湖富营养化的治理[J].地理学报,62(9):899-906.

张立,陈伟民,2004.影响浮游植物初级生产力的因素[M]//秦伯强,胡维平,陈伟民,等.太湖水环境演化过程与机理.北京:科学出版社:229-266.

张乃群,杜敏华,庞振凌,2006.南水北调中线水源区浮游植物与水质评价[J].植物生态学报,30(4):650-654.

张运林,秦伯强,陈伟民,等,2004a.太湖梅梁湾浮游植物叶绿素 a 和初级生产力[J].应用生态学报,15(11):2127-2131.

张运林,秦伯强,陈伟民,等,2004b.悬浮物浓度对水下光照和初级生产力的影响[J].水科学进展,15(5):615-620.

赵迪,黄良民,尹健强,等,1997.珠江口水域浮游生物氮、磷含量的初步分析[J].南海研究与开发,3:39-43.

赵文,董双林,张兆琪,等,2003.盐碱池塘浮游植物初级生产力日变化的研究[J].应用生态学报,14(2):234-236.

朱永春,蔡启铭,1998.太湖梅梁湾三维藻类迁移模型研究[M]//蔡启铭.太湖环境生态研究(一).北京:气象出版社:169-177.

# 致　　谢

本书得到了国家自然科学基金项目（31600345，30670405)和江苏政府留学奖学金(JS-2017-156)的资助，太湖湖泊生态系统研究站提供了部分常规监测资料。

# 作者简介

钱奎梅,女,1982年出生,博士,徐州工程学院教师。主持了国家自然科学基金项目"通江湖泊河湖转换期间着生藻类的分布及演替规律研究"(31600345)和2014年度江苏省博士后科研资助计划资助项目"通江湖泊水华蓝藻输移及分布规律研究"(1401158C);参与了国家自然科学基金项目"大型浅水湖泊浮游植物有机碳的生态作用研究"(30670405)、中国科学院知识创新工程方向性项目"三峡工程蓄水运行生态环境影响跟踪评估研究"、国家重点基础研究发展计划(973计划)项目"长江中游通江湖泊江湖关系演变及环境生态效应与调控"(2012CB417000)等科研项目。